图解
日式茶室设计

[日]桐浴邦夫 著

葛利平 译

华中科技大学出版社
http://www.hustp.com
中国·武汉

目　录

第5章

设计、施工与材料（室内篇）**129**

第6章

设计、施工与材料（点前座·水屋篇）**177**

第 **1** 章

茶室的魅力

001 自由的空间造型

Point 茶室的空间造型设计比较自由，但是如果能了解茶室设计的基本概念及空间设计背后所蕴含的基本寓意，设计视野将会更加宽广。

访问A宅

这座宅邸的主人拉开障子[1]门，障子门上糊有单层的和纸。主人招呼我们进入一个小房间，房间的地板上面铺着六张半叠[2]大小的榻榻米（琉球叠）。北面的光照从墙面上的障子圆窗投射进来。让我们感到惊奇的是，床之间[3]所使用的床柱的材质是一种中段稍微有点弯曲的细圆木，这种木材用来作为主人座（点前座）的中柱也非常合适。

主人开始为我们点茶。他没有遵循茶道固有的点茶形式，而是将茶粉舀起来放入茶碗，再将铁壶中的热水注入进来，最后以茶筅（用竹子切割而成的器具）搅动。A先生对茶道是完全不懂的，这间茶室完全是凭他自己的喜好而设置的。他说他年轻的时候参观过待庵[4]，那次经历引发了他对茶室的兴趣。设计这间茶室时，他频繁地去往各种木材的产地，收集了他喜欢的材料，委托工匠建造。这间茶室的设计虽然没有依循茶道固有的规则，但仍然是一间让人愉悦的茶室。

从形式到自由设计

茶室的设计原本就不应该被规则束缚。在近几年所建造的茶室建筑中，设计师藤森照信[5]所设计的悬浮于空中的高过庵比较知名。这座建筑位于长野县茅野市。可见茶室的设计并不被场所及形式所限制。如果能够在建造及使用过程中享受乐趣，那是无比美好的体验。

但是当专业设计师接受业主委托时，不能只是按照自己的想法自由设计，必须了解茶室的基本形态，还要进一步地了解茶道及茶室空间背后所蕴含的意义。就像"守破离[6]"一词所说，任何事情都要有好的基础，再打破框架、自成一格。本书就是为有兴趣建造一个茶室的读者而写的。

堀川上的茶室

这是在京都堀川的河面上只设置了
一天的茶室。这个大约有两张榻榻米大
小的茶室，是学生们的作品，以木材为
骨架，用糊纸做成，是一个有屋顶的设
计作品。

高过庵

关于这座建筑物是否可以称为"茶室"
是有争议的，但是这座建筑物启发读者去体
会茶室建筑的各种形式及建筑设计的各种可
能性。

A宅

用专家的眼光来看这座茶室，或许还有些
许欠缺，这是由不太懂茶道的 A 先生建成的一
座茶室，并且 A 先生乐在其中。

第 1 章　茶室的魅力

第 2 章

第 3 章

第 4 章

第 5 章

第 6 章

第 7 章

第 8 章

> **Point** 仿作并不是指全部的复制、模仿，当中也有创新。从历史中学习，是创造新境界的基础。

仿作

"仿作"这个词在日语中源自和歌的创作方法——本歌取，是指模仿既有的和歌（本歌），但并不要求全部相同。因此，"为了重现原来样貌"所建造的茶室，从广义上来说也可以称为"仿作"。就像本歌取一样，在和歌上添加一些变化，就能增加表现的深度，大幅度地改变和歌原来的特征。使用者也能因为了解本歌的历史渊源，从而提升鉴赏的广度。

茶室的仿作有多种方式，比如可以改变窗户的尺寸、位置，柱体的材质、粗细及加工方式，改变顶棚的结构，或改变各个功能空间的配置等。

近代，一些数寄者[7]和一些建筑师建造了不少仿作的茶室，但都不是一点不做变更地仿制前人的作品，而是从各种不同的角度来建造茶室。比如以创作为目的的如庵(见第216页)，或以复原原有茶室为主旨的残月亭（见第120页）和又隐（见第224页）等。

从历史中学习

如果想用简单的说明让广大读者了解茶室的意义，只需要介绍现在的茶室是如何建造的就可以了。然而，本书的初衷是希望能够做到让读者容易理解，但是又在书中穿插了一些历史事件，这样似乎又使得这本书变得复杂起来。

茶室的历史非常悠久。现在我们认为的一些正常的事物，在400多年前却不是这样的。也许读者觉得茶室的设计比较复杂，规则与限制比较多，但原则并非是固定不变的，而是随着时代的发展而做一些调整。

仿作是从学习历史开始的，不光是追寻茶室不断变化的本源，也突破了既有的观念，使茶室的设计能够除旧更新，迸发出新的创作灵感。

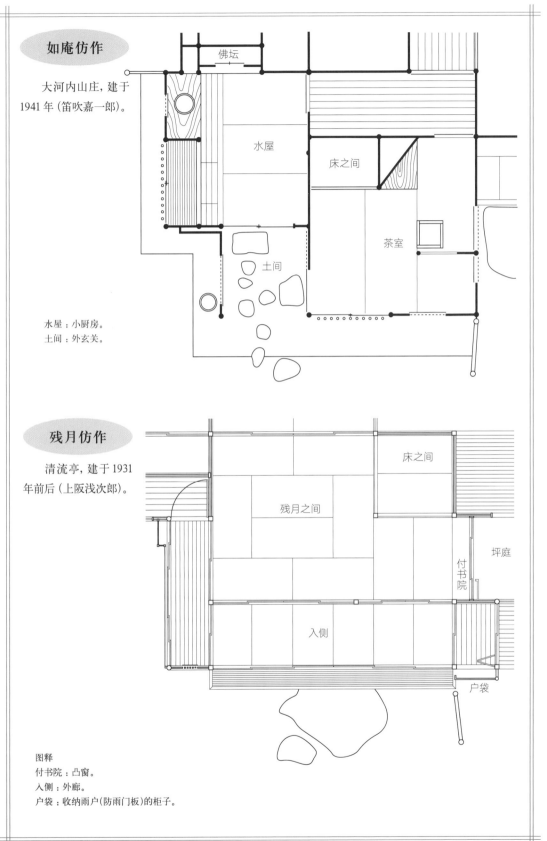

如庵仿作

大河内山庄,建于1941年(笛吹嘉一郎)。

佛坛

水屋

床之间

茶室

土间

水屋:小厨房。
土间:外玄关。

残月仿作

清流亭,建于1931年前后(上阪浅次郎)。

床之间

残月之间

坪庭

付书院

入侧

户袋

图释
付书院:凸窗。
入侧:外廊。
户袋:收纳雨户(防雨门板)的柜子。

第1章　茶室的魅力

第2章

第3章

第4章

第5章

第6章

第7章

第8章

003 借代与偏好

Point "借代"是指不取用事物原来的意思，借一物来代替另一物的出现。"偏好"则是表达作者独特的观点，或是一种特别表现形式的词语。

桂川的编织花器

"借代"是指用某一物来替代另外一物。这是常常用于日本传统美学与艺术中的表现手法。

桂笼花器收藏在兵库县香雪美术馆，是千利休将鱼笼借代为花器的范例。千利休收到了桂川渔夫挂在腰上的鱼笼后，把它当作花器来使用。

桂川的编织花器

"躏口"是指供客人出入的小型出入口。其由来有很多种说法。关于躏口的起源有种说法是千利休从渔夫小屋的小型出入口得到了启发，从而创造出了这种形态。此外，下地窗在涂泥墙面上露出土壁骨架，这也是在农家建筑中经常看到的形式。不论是露出地面的土间床，还是用木板简单铺就的地板，以这种简单质朴的建筑形式作为接待客人的空间，就是一种承前启后的创造。

偏好

"偏好"是在茶道中经常使用的一个词语，但这个词却没有固定的意义，且包含多种含义。一是表示某人特别的爱好；二是表示某一个作品的创作者；三是指某人独特的表达形式，有时候也表达同时代或后代人所创造的同一风格的作品。在茶室中使用时，多取后两者的意义。

另外，"偏好"也可以用来指代仿古之作。在日本江户时代（1603—1868年），学术研究不如现在精确，会有一些解释不清的东西。尽管如此，所有的作品背后都有它产生的背景与原因，如果能进一步地理解，会使事物的意义更加深远。

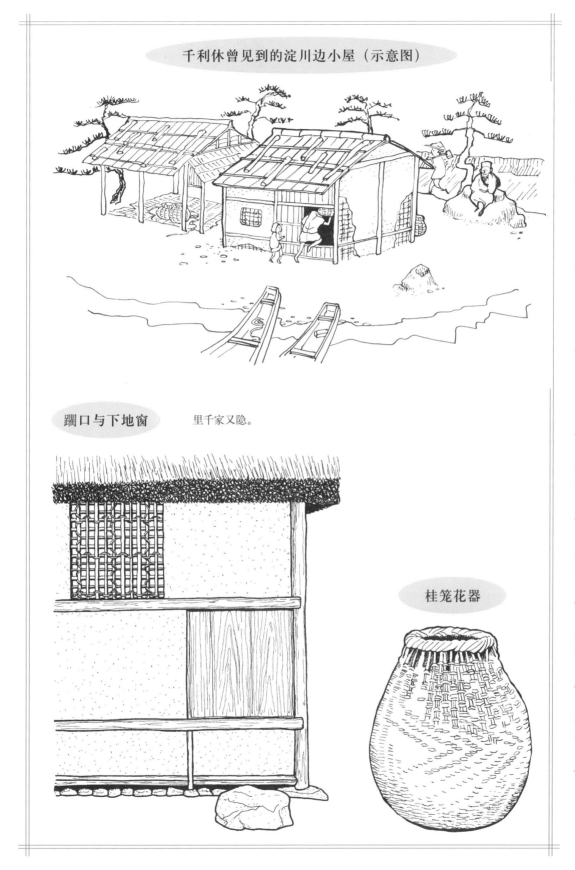

千利休曾见到的淀川边小屋（示意图）

躝口与下地窗

里千家又隐。

桂笼花器

日式茶室空间的待客之道

茶室空间一般都比较质朴且空间较小，与一般建筑所追求的那种开阔的格局不太一样。设计还要传达出平等的观念及款待客人的心意。

日本茶室独有的形态

茶室的魅力在于空间设计的独特性。就空间的规模来说，在条件允许的情况下，一般建筑物都会选择建造在比较宽阔的场地，但茶室却不是这样的，茶室建筑朝着越来越小的规模发展。刚开始的时候人们是在十八叠宽敞的空间里享受饮茶的乐趣，后来变成四叠半的大小，最后缩减成二叠大小，这是已经无法再变小的空间。这样的空间面积只可摆放为主人及客人准备的两张榻榻米。

在建筑中，特别是在西方教堂中，墙壁是可以供画家展示自身才能的大型画布，有的墙壁甚至布满了雕刻。但是茶室的壁面是不能作为画布来使用的，茶室的墙面上只能是自然的泥土或在局部墙面上贴的和纸。这是营造空无一物氛围的手段。茶室的壁面本没有什么寓意，仅仅是表达"空无一物"概念的一个要素而已。

平等与待客之心

茶道的思想重视平等与待客的心情，这两者属于心境的范畴，但是以具体的茶室样貌来表现这些思想，就是具有日本精神的空间设计了。

比如"刀挂"，是武士将象征自己身份和地位的佩刀放置于茶室外面的配置；"躙口"是一种入口形态，无论什么人进入都必须弯腰低头才能入内，这就表现出人人平等的思想。另外，茶室设计有一些空间细节也表现出理解他人的思想，床之间的位置、顶棚的形态，都使用了比较巧妙的设计想法；为了表达主人的谦卑之意，会将主人席的空间面积缩小。

表千家不审庵　这是一个外观比较朴素的茶室，设置有躏口与刀挂。

武者小路千家官休庵

只有两张榻榻米大小的空间平面非常狭窄，客座使用丸叠，点前座使用大目叠（长度是丸叠的 3/4），床之间位于客座的旁边。这是通过实体的茶室空间所传达出来的待客之道。

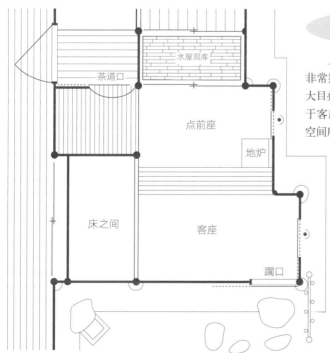

图释
水屋洞库：储物壁柜。
茶道口：主人用出入口。
点前座：主人席。

005 用放眼世界的眼光，做出现代化的设计

Point 近代的建筑师重新挖掘出隐藏在茶室以及茶室建筑中的现代元素。

放眼世界的眼光

茶室出现于四百多年以前，日本人在城堡里建造了天守[8]，以此作为瞭望的指挥塔。在木造的建筑领域，天守阁与茶室却是极小与极大的对比。那个时代是外国的一些资讯通过贸易大量传入日本的时候，虽然不会有直接的影响，但是这些信息的传入却对当时的茶人有很大的刺激。

桂离宫

1933年，德国建筑师布鲁诺·陶特[9]去日本后，很快就造访了位于京都的桂离宫，并赞叹桂离宫有一种"让人感动到想流泪的美"。桂离宫建造于日本江户时代初期，是应用茶室建造技术与设计巧思的数寄屋造别墅建筑。在日本昭和时代（1926—1989年）以后受到了许多建筑师的关注。就在这个时代，世界建筑风潮也开始转向了现代主义。

人们经常用"简单素雅"来形容桂离宫的美，陶特一直在称赞桂离宫，就是因为桂离宫是构成自然的一部分，而不是与自然相对的。设计与自然非常和谐地承接在一起，受到建筑界的瞩目。它虽然也有装饰，但每一件装饰都力求表现出简洁感，且建筑内部与外部的自然庭园非常巧妙地成为一体。

欧洲建筑的墙面非常高大，而且是封闭式的。在摆脱历史的束缚迈向现代化的过程中，人们非常重视简洁的设计感，以及大自然与建筑的相互协调。而茶室可以说是这一设计风潮的范本，其中又以桂离宫为代表。

具有质朴的形象及开放性的茶室

在向现代化迈进的过程中，茶室的设计也备受瞩目。这一时期的茶室设计摒弃了多余的事物，只留下必要的部分，有一种简约的洗练感。另外，茶室的设计也不再是一成不变与自我封闭的，而是格外重视与外界的联系，具有了开放性。比如，位于京都西芳寺内的湘南亭，之所以受到大众的喜爱，就是因为在简朴的外观下，搭配开放式的空间结构，加深了茶室与庭园之间的联系。

桂离宫古书院　借檐廊将室内与庭园的自然景观融为一体。

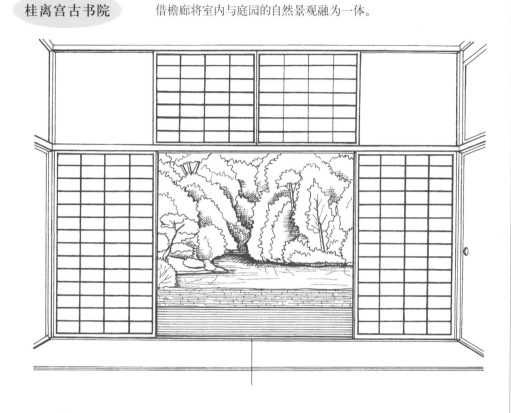

西方寺湘南亭　在茶室中设有阳台 (広缘)，这在茶室建筑中很少见到，却让庭园与室内的空间更一体化。

短评①

不同的茶道流派会造成茶室的设计有所差异吗？

茶道的流派不同，茶室的设计是否会因此有所差异呢？虽然人们认为应该区分清楚，但是这并不是容易的事情。

后面的篇章会对此进行详细的介绍，但必须要说明的是，日本安土桃山时代（1573—1603年）是奠定今日茶室设计的基础，在那个时代，并没有形成所谓的流派。换句话说，在茶道的流派确立以前，重要的茶室都已经建造完成了，所以说茶室设计不会因流派的不同而有所差异。

千利休的孙子千宗旦，不提倡当时由小崛远州（见第44页）等人所设计且流行开来的茶室设计形式，而提倡表现千利休严格态度的空间设计形式。之后，千宗旦的三子江岑宗左承袭不审庵，开辟了表千家流派，四子仙叟宗室承袭今日庵，开辟了里千家流派，次子一翁宗守建立了官休庵，开辟了武者小路千家流派，此称"三千家"。四百年来，三千家是日本茶道的栋梁与中枢。而千宗旦的高徒山田宗徧、杉木普齐等人，则将茶道文化推广到商贾、职人等阶级。

另一方面，在日本元禄时代，《茶道全书》《南方录》的出版，对确立以家元（一派之掌门人）为首的家元制度具有重大的意义，也使得流派在日本江户时代逐渐稳固起来。

那么，流派成立前后茶室设计开始出现差异，这是为什么呢？以地炉周边的榻榻米铺设的方向为例，相对于地炉的点前座为标准物，在千家流中榻榻米是纵向铺设，武家流中则是横向铺设。此外，设置在点前座旁边的袖壁[10]及其下面的"壁留[11]"，千家流中是使用竹材，武家流中使用的是木材；袖壁内角的二层吊架（二重棚），千家流中使用的上、下板是同尺寸的，武家流中则是采用上板比较大的云雀棚的形式。

第 **2** 章

茶道文化

006　茶道的历史（1）

Point 虽然遣唐使早已经将茶叶传到日本，但是饮茶文化到了日本镰仓时代（1185-1333年）以后才开始在日本慢慢普及开来。

中国茶

一般认为，茶叶的原产地在中国的西南、泰国北部及印度的阿萨姆邦等地区，这些区域属于照叶林[12]带中被称为东亚半月弧的区域。

茶叶在被作为饮品之前，原本是食用品。在2000多年前的文献中，我们看到的"茶"字指的就是"茶"。中国将茶作为饮品有几千多年的历史。

4-5世纪的中国南方地区，饮茶习惯迅速流传开来。8世纪后期，中国唐代的陆羽完成了《茶经》，从此，茶从补充营养的饮料，转而化身为具有精神价值的一种文化。

传入日本

茶叶最开始是由遣唐使带到日本的。据日本平安时代（794-1192年）初期的《日本后记》[13]记载，在815年4月22日，嵯峨天皇（786-842年）出巡到近江的唐崎时，大僧都水忠亲自烹茶侍奉。在日本平安时代，虽然已经有部分的寺院开始饮茶，但是还没有到大规模普及的程度。

日本镰仓时代以后，茶叶由禅僧荣西带回日本。荣西非常注重茶叶的药用价值，著有《吃茶养生记》一书。

荣西还把茶种馈赠给明惠上人，明惠将茶种在京都的栂尾山，并开设了茶园，栂尾所产的茶叶被称作"本茶"，且为了有所区别，其他地区所产的茶叶就被称为"非茶"。

从此以后，饮茶的习俗便大幅度地普及开来，僧侣、贵族、武士，甚至平民都开始饮茶。其发展的关键在于茶叶由刚开始作为药用，而后转变为日常饮用。后来，茶也被视作游戏的元素之一，并发展出一种名为"斗茶"（见第20页）的游戏。

太师椅

茶叶最初传入日本时，是采用坐在中国式的椅子上喝茶的饮法。

京都栂尾的茶园

茶园位于高山寺内，是日本最早的茶园。

第1章 茶室的魅力

第2章 茶道文化

第3章 茶礼与茶师

第4章 茶室空间的平面配置

第5章 设计、施工与材料（室内篇）

第6章 设计、施工与材料（露地篇·水庭篇）

第7章 设计、施工与材料（外观篇）

第8章 古今茶室名作

007 茶道的历史（2）

> **Point** 当极为奢华铺张的饮茶方式盛行的时候，开始有人对这种形式抱有批判与怀疑的态度，于是便开创出了日后的侘茶世界。

斗茶与婆婆罗

"斗茶"是在公元14-15世纪末期流行的一种游戏，这种游戏的参与方式是参与者在品茗之后，需要分辨出这种茶是栂尾出产的本茶，还是其他地方产的非茶。

另一方面，在日本南北朝时代（1336-1392年），与斗茶同样盛行的还有"唐物庄严"，该词指的是收集日语中被称为"唐物"的中国舶来品，它可以用来装饰生活的环境，表现奢华的生活氛围。"婆婆罗"是指将花、茶、香等要素集合在一起形成一种风雅的形式，表现出对极致华丽事物的追求。其中最为出名的是被记载在《太平记》[14]中的日本南北朝时代的人物——佐佐木道誉[15]。

唐物的世界

在日本室町时代（1336-1573年），极尽奢华氛围的茶会非常盛行，幕府即使下令禁止，但仍然难以杜绝。最终，这些使用唐物品茗的仪式与做法，竟成为武家仪礼的一部分，越发使得收集唐物的风气盛行。其中，

比较特别的是足利义政[16]所收集的名物"东山御物[17]"。足利将军身边有一群负责鉴定与装饰的同朋众，他们负责管理唐物，并依据一定的规则进行摆放。足利将军的名物与其摆放的方式被记载在《君台观左右帐记》中。同朋众在会所里的被称为"茶汤之间"的房间里点茶，并由此发展出先在"茶汤之间"点茶再端至坐席的形式。

侘茶的起源

另外，在日本室町时代还出现了"侘茶"的文化。曾受一休宗纯[18]指导参禅的村田珠光[19]，改变了以唐物为主、使用精美奢华器皿的风气，反而使用质朴的和物，并且还发掘出不完美器物的内在美，并参考自然的形态，在茶道中实现了连歌[20]的美学意识及禅的思想。

《君台观左右帐记》

《君台观左右帐记》记载了押板（位于壁面下方的展示台）、付书院（凸窗）、违棚（展示架）等位置的摆放方式。

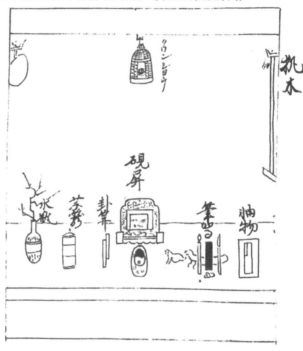

摘自《＜君台观左右帐记＞综合研究》

慈照寺东求堂同仁斋

1486 年，足利义政在所建的山庄中建造了东求堂，在东求堂的东北角设有四叠半大小的同仁斋，其整体形式与《君台观左右帐记》中记载的非常相似，据说足利义政也曾经在此地饮茶。

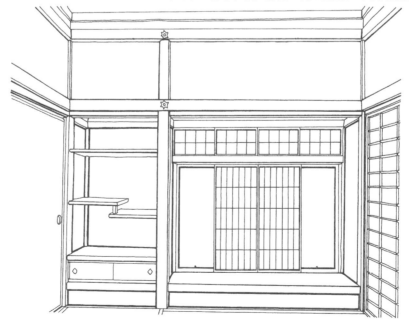

第1章　茶道的魅力

第2章　茶道文化

第3章　茶器与茶宴

第4章　茶道空间的平面配置

第5章　设计、施工与材料（室内篇）

第6章　设计、施工与材料（点前座·水屋篇）

第7章　设计、施工与材料（外观篇）

第8章　古今茶室名作

茶道的历史（3）

在都市中营造具有田园氛围的"市内山居"开始成为一种风潮。

侘茶的发展

16世纪以后，茶道在堺市比较富有的工商阶层间流行起来。武野绍鸥（见第40页）是堺市的富商，刚开始跟随三条西宝隆[21]学习"歌道"，后来将主要的精力转向了茶道，比较深入地了解了村田珠光所开创的侘茶世界。同一个时期，在宅邸内部设置简朴山野风格的庵室开始流行起来，这种庵室被称为"市内山居"（见第62页）。

千利休与丰臣秀吉

将茶道提升到几近完美的代表人物是武野绍鸥的弟子千利休（见第40页）。初期他继承了武野绍鸥开创的茶道形式，后来便开创出了只有两张叠大小、面积极小的茶室空间，删除了所有多余的东西。此外，千利休又重新发掘出朝鲜及日本瓷器的美好，此前，这两种瓷器相较于中国唐物，是比较不被欣赏的。千利休通过借代的手法，为茶道注入了一种新的价值观念。

另一方面，织田信长与丰臣秀吉为了强化与堺市工商界的友好关系，加上经济利益的考虑，还将茶道运用到政治上，称为"茶汤御政道"。比较著名的是1585-1586年的"禁中茶会"，这是丰臣秀吉就任关白[22]后，作为回礼而举办的茶会。还有在1587年所召集著名茶人而举办的"北野大茶会"等，都是将茶道运用在政治上的例子。

千利休与丰臣秀吉

古田织部（见第42页）继承了千利休的饮茶思想，主张以织部烧[23]为代表的美学形式，反映了当时逸轨[24]的时代风气。小堀远州（见第44页）成为宽永文化的代表人，在简朴的茶室之中增添了装饰性，用来表现江户时期的美学思想。千利休的孙子千宗旦（见第42页）则严格地遵守侘茶的思想，从而奠定了三千家的发展基础，在家元制度已经比较稳固的背景下，使茶道的文化在工商业者间普及。

安土城遗址、大手道遗迹

织田信长所修建的安土城，设置了指挥塔"天守"与宽敞的"大手道[25]"，天守的规模有很多种说法，有一种说法认为这个建筑物的构造是地上有六层、地下一层，并有五层屋筑。一般学者都认为这是现存的规模最早、屋筑达五层的正式天守。此后，陆续出现了许多大规模的城堡。也正是在安土城被焚毁的同一时期，千利休创造出了规模极小的茶室，并流传到后代。

北野大茶会

下图为《北野大茶汤图》的一部分，描绘了众多茶人相聚一堂的画面。画中有人在茶室中点茶，有的在草席上点茶，有的在雨伞下点茶。

引自《北野天满宫所藏》

茶道的历史（4）

Point 因为受到明治维新的影响，茶道文化走向没落，再度兴起的原因，竟然是因为受到西洋文化的冲击。

日本江户时代的茶道文化

在日本江户时代，家元制度被确立起来，茶道的形式也固定下来，而且还能稳定地传承下去。另一方面，出现了茶道走向娱乐化的现象，对此种情况有人提出茶道应该回归于严肃。譬如井伊直弼[26]提出了"一期一会[27]"的观念，主张"独坐观念"，就是指在茶会后，独自坐在茶室里一人品茗，与自身进行对话。

近代的茶道文化

近代初期，由于西方文化的传入，人们开始忽视日本本土文化，加上支撑茶道文化的武士及寺院的没落，使得茶道文化受到很大的冲击。

世界博览会与茶

世界博览会让原本已经衰落的茶道得以东山再起。1867年，在巴黎举办的世界博览会上，茶受到瞩目。当时的欧洲，正值茶叶消费大量增长的时期。

明治维新后，博览会的操作模式传入日本，除了展示各种新奇的物品，日本传统茶道文化成为重要的宣传活动之一。有的将茶室移到博览会的现场，有的则以站或者立的形式饮茶（立礼茶）。

茶人的世界

日本明治时代（1868-1912年）后期，支撑茶道文化的新兴族群迅速壮大起来。他们以欧美国家为样本，发掘出日本文化的独特之处，并积极地为保护日本文化而努力。

他们不仅收集关于佛教绘画、浮世绘等艺术作品，也将视线转向茶具及茶室建筑。虽然有人认为他们的行为是出于对自身经济利益的考虑，但是从另外一个角度来讲，他们从已经衰败的寺院中，救出可能会被破坏的文化资产和建筑物，这是对茶道文化的传承有着极大的贡献。

东京国立博物馆六窗庵

由金森宗和所创建，原来设置在奈良的兴福寺。在博物馆馆长町田久成等人的支持下，移至博物馆内，在1877年的第一届内国劝业博览会中展出。

井上馨邸八窗庵

原来是奈良东大寺四圣坊内的茶室，1887年，井上馨将其移至东京麻布鸟居坂的自宅，后来在战争中被烧毁。

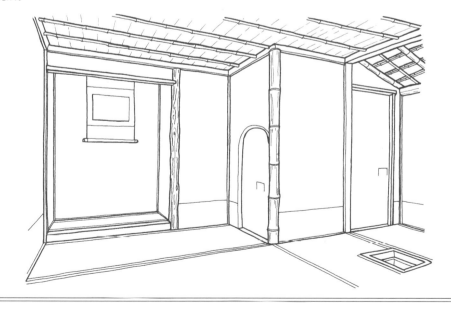

第1章　茶室的魅力

第2章　茶道文化

第3章　茶室与茶苑

第4章　茶室空间的平面配置

第5章　设计、施工与材料（室内篇）

第6章　设计、施工与材料（点前座·水屋篇）

第7章　设计、施工与材料（外观篇）

第8章　古今茶室名作

茶室与茶会

> **Point** 现在有正式用餐的聚会被称为茶事，其他的集会则被称为茶会。

茶事与茶会

在茶道中，有"茶会"与"茶事"这两个词。这两者的意思基本相同，都是一种邀请客人前来参加奉茶招待的聚会，通常情况下还会提供怀石料理。但是到今天，大部分会将安排有用餐的正式聚会称为"茶事"，将没有安排用餐的聚会称为"茶会"。

最初使用的语汇是"茶会"，当时念作"CHA-KAI"或"CHA-NO-E"。在日本安土桃山时代，茶会的礼仪形式比较自由，不像现在这样完善，后来茶会的形式才慢慢地发展的比较完备。有"正午茶事""夜咄茶事""口切茶事"等（见第28页），除了在正式的场合可以这样称呼，也用来区别一般的茶会。

大寄茶会

日本的安土桃山时代及江户时代的茶会，客人人数通常不超过10人。在近代以后开始出现了数十甚至数百人的"大寄茶会"，这是一种人数众多的茶会。

"大寄茶会"的来源是丰臣秀吉的"北野大茶会"，据说当时光在神社的拜殿聚集的就有八百多人。此外，秀吉在醍醐寺举办的赏花宴也被归类到这种类型的茶会之中。

日本明治时代以后，人们对秀吉的兴趣开始变得浓厚，这就促使北野神社的茶会重新举办起来。东京大师会、京都光悦会等人数众多的茶会也开始定期召开。

另外，许多不同类型的茶会也开始越来越多地举办，比如各宗匠流派的"开春茶会"（初釜）、季节性的"例行茶会"、用来纪念千利休与茶道先贤的"祭日茶会"等，甚至还有同时设置很多茶席、由不同的流派一起参加的"合同茶会"。

洛陶会东山大茶会茶席图

1921 年，京都东山一带的各个地方一同举办了大茶会。

东山大茶会茶席配置图

1 野村邸
2 塚本邸
3 山中着松居
4 稻畑邸
5 原邸
6 横山邸
7 无邻庵
8 杉村邸
9 后樱町帝茶室
10 山中邸
11 青莲院书院
12 富春亭
13 久原邸
14 林邸
15 真葛庵
16 清清馆
17 河崎邸
18 浅酌席
19 西行庵
20 鬼瓦茶室
21 高台寺书院
22 左近亭
23 大村邸
24 泽野邸
25 上西邸
26 平井邸
27 朝越邸
28 藤田鹤居
29 松风邸
30 木米之墓
31 白云居
32 清水南园
33 紫翠轩
34 华中庵
京都博物馆

引用自《建筑画报》（1922 年 3 月）

第1章　茶居的魅力
第2章　茶道文化
第3章　茶笠与茶苑
第4章　茶事空间的平面配置
第5章　设计、施工与材料（室内篇）
第6章　设计、施工与材料（露前庭·水循篇）
第7章　设计、施工与材料（外观篇）
第8章　古今茶室名作

茶室的种类

Point "正午茶事"是所有茶事的基本形式，包括初座[28]与后座[29]前后两个部分。

茶事的种类

根据季节、时间、要旨的不同，茶事有各种各样不同的种类，一般以"正午茶事"为基本的形式，包括"初座"与"后座"前后两个阶段，从午餐时间到下午两点，大约需要花费4个小时。包括"正午茶事"在内，茶事的种类共有7种形式，被称作"茶事七式"。其他6种："夜咄茶事"，一般会在冬季的傍晚时分开始举行；"朝茶"，这是指在夏季的清晨进行的茶事；"晓的茶事"，是在冬季的早上举行的茶事，以享受严冬拂晓时分的曙光风情；"迹见茶事"，是为了欣赏地位崇高的人士造访茶席时所使用过的道具所举办的茶事；"不时茶事"，有非预期及错开用餐时间的双重意义；"口切茶事"，是指每年的十一月，将封装的茶罐开封，并当场研磨、冲泡、奉茶的茶事。

除了这些以外，还有其他的几种茶事，如一主一客的"独客茶事"；比傍晚时分早一些举行的"夕去茶事"；另外，还有在早上和午餐后进行的点心茶事或者点心会，被称为"饭后茶事"。"饭后茶事"可以取代口切茶事成为茶事七式之一。

地炉与风炉

茶室中会设置地炉，地炉一般会在十一月至次年的四月期间使用，五月到十月期间会使用风炉（见第36页）。

亭东、半东、正客、末客

"亭东"原意是指一家之主，在茶事中是指点茶和招待客人的人，"半东"指协助亭主的人。

"正客"在茶事中是指主宾，"次客"的地位仅次于正客。"末客"也称作"御诘"，是在最末席负责协助茶事顺利进行的人。

茶事范例

下图是为了说明各种茶事（茶会）的主要动线所绘制的虚构平面图（详细说明可以参考相对应的章节）。

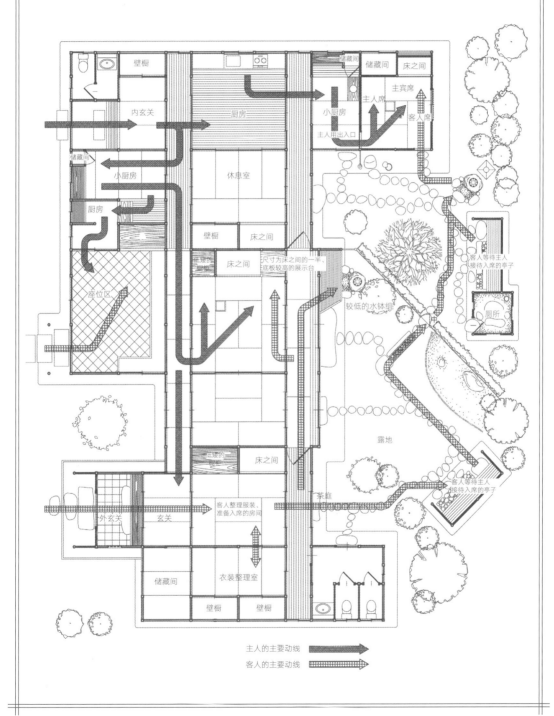

图中标注文字：

壁橱
内玄关
储藏间
小厨房
厨房
座位区
外玄关
玄关
储藏间
衣装整理室
壁橱
壁橱
休息室
厨房
小厨房
壁橱
床之间
低矮的壁龛
床之间
尺寸为床之间的一半、底板较高的展示台
低矮的壁龛
床之间
客人整理服装、准备入席的房间
茶庭
储藏间
储藏间
主人席
主宾席
客人席
主人用出入口
较低的水钵组
露地
客人等待主人接待入席的亭子
厕所
客人等待主人接待入席的亭子

主人的主要动线
客人的主要动线

第1章　茶室的魅力
第2章　茶道文化
第3章　茶室与茶苑
第4章　茶室空间的平面配置
第5章　设计、施工与材料（室内篇）
第6章　设计、施工与材料（点前座·水屋篇）
第7章　设计、施工与材料（外观篇）
第8章　古今茶室名作

茶事（1）准备工作

Point 茶事是从制订计划开始的。在茶事中，门户稍微开敞一点是一种请客人进入的表示。

茶事的准备与招待的内容

本文以使用地炉的"正午茶事"为例来说明茶事的流程。

茶事是从制订计划开始的，亭主需要先确定好茶事的目的、旨趣、想要邀请的客人名单，确定好时间与日期，并撰写请柬。客人在收到请柬后，需要写回函，也可以在茶事开始的前一天亲自送返回函。

然后，亭主还要决定当天使用的茶具组，在茶事开始的前一天要进行清扫茶室及露地等工作。

寄付和露地

客人可以比预定的时间早一点到寄付[30]内集合。这个时候，可以不用主人家的人前来带领就可以自行进入。当门户稍微开敞一些时，就是暗示客人可以进入。如果准备工作还没有完成，那么门是关着的。

客人们可以先行到寄付内整理衣服，等到客人全部到齐后，再按照客人的数量敲击木板。然后，半东会为客人们端上热开水或者淡茶，客人们在饮用完毕后再前去露地内

的腰挂[31]。从寄付到露地时，亭主会为客人准备好露地草履，供客人使用。如遇下雨，主人则会为客人准备好露地斗笠、露地木屐或者雪驮。雪驮指的是底部贴有皮革的草履，据说这是经过千利休的改良而来的，他改良了自日本平安时代起就使用的皮革制草鞋，以便能在潮湿的露地上使用。

在客人等待的这段时间，亭主会忙着清扫茶席、焚香，在蹲踞（见第74页）的水钵里添满水，再将水桶放回到水屋口，穿过中门后前往腰挂去迎接客人。

客人在礼貌地受礼后，会再度坐回亭内，稍等一会便可以前往茶室了。从外露地穿过中门，然后进入内露地，在内露地的蹲踞处洗手、漱口，然后清洗一下勺柄，并将勺子放回到原处，就可以进入茶席了。

有些露地里面会安放关守石，其具有引导动线的功能，放有关守石的地方会提示客人请到此止步。

寄付

客人们在此集合，并在这里享用热开水、淡茶（白汤）。

腰挂

客人在此静坐，等候亭主前来迎接。

蹲踞

客人在进入茶室之前，要先在此地洗手及漱口。

茶事的程序（客人的动线）

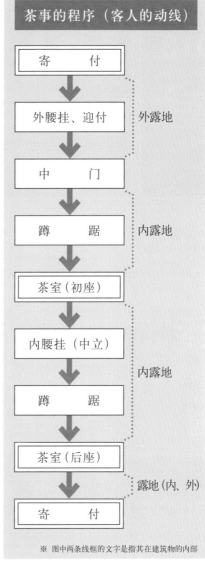

流程	区域
寄 付	
外腰挂、迎付	外露地
中 门	
蹲 踞	内露地
茶室（初座）	
内腰挂（中立）	
蹲 踞	内露地
茶室（后座）	
寄 付	露地（内、外）

※ 图中两条线框的文字是指其在建筑物的内部

第1章 茶室的魅力

第2章 茶道文化

第3章 茶室与茶苑

第4章 茶室空间的平面配置

第5章 设计、施工与材料（室内篇）

第6章 设计、施工与材料（点前座·水屋篇）

第7章 设计、施工与材料（外观篇）

第8章 古今茶室名作

> **Point** 客人在进入茶席之前，要先从躏口探视茶室内的样子。

入席

踩在躏口（见第156页）前的踏石上，躏口打开后，要先环视茶室的内部、床之间等的样貌，再将扇子摆放在自己的前方，以坐跪的姿势缓缓移入室内。身体再转向躏口，将草履交叠，将之放到门尾处直立摆放，让后来的客人可以方便地入内。接着来到床之间前的榻榻米上，以郑重崇敬的心情来欣赏床之间及主人点茶的地方。接着可以暂时坐在临时的席位，等末客欣赏完床之间后，再按照正确的座次入座。通常来说，床之间前面的贵人叠是正客的席位。当末客进入茶室后，关上躏口门时要发出轻微的声响，再扣上门钩。

初座

初座是茶事的前半段，主人会先在地炉内加入炭火（炭点前），并奉上怀石料理。最基本的料理形式是"一汁三菜"，由味道淳厚的味噌汤（汁），以及生鱼片（向付）、煮物、烧物三菜构成，也可以再添加下酒菜（强肴），之后开始端酒上席，开始进入"千鸟杯事[32]"。附带一提的是，在夏季使用风炉的季节，炭点前的程序会改在怀石料理之后。初座结束后会供应点心，客人在享用完后，需再一次恭敬地观赏床之间与地炉，最后从躏口离开。

中立

初座结束以后，客人可以去露地的腰挂休息片刻，这时也可以去雪隐（洗手间）。亭主这时会在茶室内将床之间的摆设改用花来替代，并拉起卷帘，整顿茶席。当准备完成后，亭主就会敲击铜锣之类的乐器再次欢迎客人进入，客人听到响声后，就会再度在蹲踞处洗漱，然后入席。

后座

后座，指的是茶事的后半段，亭主会奉上浓茶及薄茶，客人会轮流共饮一杯浓茶。这种做法被认为是遵循"一座建立[33]"的精神。然后，就是欣赏茶入[34]、茶勺等道具。后座结束时，客人由躏口下到露地，并在露地接受亭主的目送后，返回寄付。

入席

客人拉开蹲口的门后，需要先行礼一次，然后再环视室内的环境。

观赏床之间的陈设

从蹲口进入茶室以后，客人要先对床之间行礼一次，然后对床之间的摆设进行观赏。

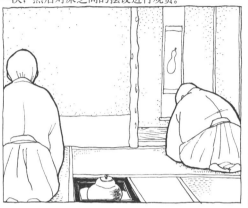

从入席到座位的动线（正客）

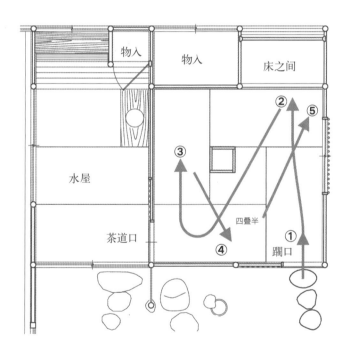

①从蹲口向茶室内观看，并远远地观赏床之间的摆设。

②按照坐跪的姿势从蹲口缓缓地进入室内，站在床之间的前面。

③坐下后观赏床之间的陈设，然后再向点前座前进。

④坐着观赏各种道具和地炉，并移到临时席位坐下。

⑤等到末客欣赏完床之间后，就移到贵人叠上坐下。

图释
物入：储藏间。

第1章 茶室的魅力
第2章 茶道文化
第3章 茶室与茶苑
第4章 茶室空间的平面配置
第5章 设计、施工与材料（室内篇）
第6章 设计、施工与材料（点前座·水屋篇）
第7章 设计、施工与材料（外观篇）
第8章 古今茶室名作

014 茶道具（1）

Point 具有很久的历史渊源且优质的茶道具被称作名物。一般情况下名物可以分成三种，即大名物、名物、中兴名物。

名物

"名物"指的是具有历史渊源的器物中的精粹，在茶道中，特别会用名物的好坏来作为评判茶道具优劣程度的标准。在受到日本东山文化熏陶的足利义政时期，有极佳名声的器物被称为"大名物"，到了千利休时期，则称为"名物"，后期由小堀远州选出来的茶具被称为"中兴名物"。

后来在松平不昧(见第44页)所著的《古今名物类聚》一书，将这些道具的分类进行了明确，为后世带来了非常大的影响。

茶碗

在日本室町时代，饮茶所用的茶碗以青瓷、白瓷、天目[35]等唐物为主，这些茶碗都是从中国传入的。

随着侘茶的兴起，茶人们也逐渐开始使用朝鲜烧制的高丽茶碗。过去，高丽茶碗是日常杂用的器具，但是从中也能挑出符合茶人喜好的器物，比如被赞誉为顶级的高丽陶瓷器的井户茶碗，还有将白色化妆土用毛刷刷在器物上，并留有刷毛痕的"刷毛目茶碗"等。

日本最初烧制的是模仿天目纹的陶瓷器，后来烧制出了适合侘茶使用的茶碗，比如黄濑户、濑户黑、志野等，还有长治郎窑厂生产出来的乐茶碗。后来，津唐、萨摩、萩等地也先后设置了窑厂，并烧制出纹饰丰富的织部烧，京东也烧制出仁青烧等。

茶勺

最开始时舀取抹茶粉是使用药用的象牙勺，现在则普遍使用竹制的茶勺。没有竹节的茶勺属于"真型"，竹节在中段的是"草型"，勺柄末端有节的称作"行型"。但是，实际上并没有严格的定义来区分不同的形式。但是还有另外一种叫法，象牙质的漆器被称为"真"，松、樱等木质的漆器被称为"草"。另外，亲自动手制作茶勺会被认为是侘茶的一种象征行为。

茶碗的形状

半筒形

马盥

椀形

天目形

沓形

轮形

杉形

井户形

四方形

筒 形

朝颜形（平形）

能川形

天目茶碗

由于形态像倒圆锥形，底座窄小，所以会被置于茶托天目台（贵人台）上使用。

茶勺

从上到下依次为无节（真型）、元节（行型）、中节（草型）。

第1章 茶道的魅力

第2章 茶道文化

第3章 茶室与茶庭

第4章 茶室空间的设计、施工与材料（室内篇）

第5章 设计、施工与材料（露地篇·水屋篇）

第6章 设计、施工与材料（外观篇）

第7章 古今茶室名作

第8章

015 茶道具（2）

Point 茶事中，使用台子是具有高雅格调的茶道形式。

台子

台子是一种放置各种器物的棚架。据说，台子原本是在中国的禅院中使用的，在日本镰仓时代传到了日本。最初用来摆设唐物，后来也用来拜访和物。正因为这个原因，一般认为，使用台子的茶道是比较高雅的形式。台子是长方形，以四根或者两根柱子支撑上下两块长方形木板。上面的板材称为"天井板"，下方的称为"地板"。台子的种类比较多，例如有以黑漆涂布、有四根柱子的真台子，层板以白木泡桐制、柱子用竹子制作的竹台子，以及只用两根柱子的及台子等。

茶入

茶入是储藏抹茶粉的容器，其中用来放置浓茶的多是陶制的，称作"浓茶入"。薄茶则使用漆器，称作"薄茶器"或"薄器"，比较有代表性的"薄器"是形状如枣的器物。材质除了漆器以外，也有的使用有黑色条纹的柿木（黑柿）、黑檀等具有高硬度的木材。

浓茶入的壶盖使用象牙制成，并常在盖体内侧张贴金箔。根据形状不同，茶入分为比较小的"茄子"、壶身肩部呈水平外张状的"肩冲"、扁宽形的"大海"等。收纳茶入的茶袋（仕覆），是用专门缝制茶袋的提花布（名物裂）等材料制作的。

茶釜

茶釜是用来煮热水的金属材质的器具，通常用铸铁制造。在日本镰仓时代在明惠上人的指示下首次尝试铸造的筑前芦屋，以及自日本平安时代开始制造铸铁器物的下野天明等地都是自古以来比较广为人知的产地。日本室町时代末期，京都三条釜座制造出了京釜。可以说茶釜是随着茶道的发展而不断演进的。

风炉

风炉是一种火钵状的炉具，用来烧煮茶釜内的水，与台子等在同一时期从中国传到了日本。素烧后上漆打磨的是土风炉，使用青铜（唐铜）的是青铜风炉，另外还有铁、木制品。

竹台子

台子的柱与板的统称。

上段的板材(天井板)

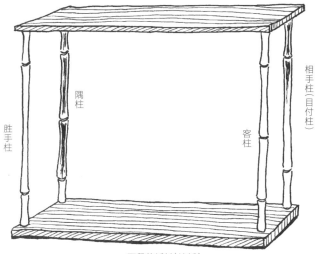

隅柱

胜手柱

相手柱(目付柱)

客柱

下段的板材(地板)

肩冲茶入

枣

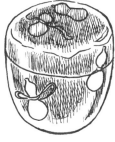

朝鲜风炉与真形釜

茶筅

在抹茶中注入开水，并用茶筅不停搅拌，奈良的高山就是作为茶筅产地而闻名的。

图释
肩冲茶入：壶身的肩部呈现水平外张状的茶罐。
枣：枣形的茶罐。
真形釜：基本型的茶釜。

第1章　茶室的魅力
第2章　茶道文化
第3章　茶室与茶苑
第4章　茶室空间的平面配置
第5章　设计、施工与材料（室内篇）
第6章　设计、施工与材料（点前座·水屋篇）
第7章　设计、施工与材料（外观篇）
第8章　古今茶室名作

016 床之间的装饰

Point 侘茶创立之后，床之间的规模变小了，装饰的面貌也改变了。

室礼与床之间的装饰

茶室的装饰是从日本室町时代开始的，衍生出了在押板（展示台）、付书院（凸窗）、违棚（展示架）等处做摆设的习惯，一般来说，这种习惯是延续了日本平安时代装饰房间的室礼传统。

在日本室町时代，座敷装饰以摆放唐物为主。墙壁上悬挂着从中国传入的三幅为一组的佛画，押板上放着供佛用的三具足——烛台、香炉、花瓶。放在中间的佛画被称作"主佛"，两侧的则称为"胁绘"。

侘茶创立以后，所使用的器具从唐物改为高丽物或者和物。装饰方法也产生了很大的变化，比如将床之间的幅宽缩小，降低顶棚的高度。以前大家都喜欢使用比较华丽的绘画，现在那些华丽的绘画被禅意十足的水墨书画取代，而花器也从古铜材质变成了竹制。

挂物

挂轴是日本画装裱中直幅的一种体式，亦称"立轴"。在举行茶事时，挂轴通常都是用作初座时的装饰。

据说，在日本平安时代，挂轴与佛教一同传入了日本。刚开始，其题材大多以佛画为主，后来逐渐变成了以风花雪月为主题的绘画，其绘画方法也越来越受到人们的欢迎。侘茶多喜欢禅僧的墨宝、古人的笔迹或者茶人之间写的书信等。

花入与花

在茶事中，在后座阶段主要是以鲜花来装饰，装饰鲜花的地方有好几处。比如，挂在床之间的中钉、床柱的花钉上的挂花入；从床之间的顶部挂落垂下的钓花入；在床之间地板上的置花入。根据花器的材质来区分，金属材料、唐物青瓷被当作"真"，上釉的和物陶瓷器是"行"，竹、笼、瓢与不上釉的陶瓷器被称为"草"。

日本中世时期（1192—1573年）的花道，形成了一种被称为"抛入"的技法，它以保持花材的自然风貌为主。在茶室中的插花装饰则将这种花道的形式运用得更加自如，其中以具有高雅形态的插花最受欢迎。

另外，还会在正月时装饰柳条，将柳条编织成圆形，插入挂在床之间的橙子上的青竹花器内，柳条长长地垂落下来，可作为自然的装饰。

以三幅为一组的床之间的佛画装饰

在以三幅为一组的佛画的前方放置着用花瓶、香炉、烛台组成的三具足。

正月的床之间装饰

床之间内侧左边的角落里面悬挂着柳条。

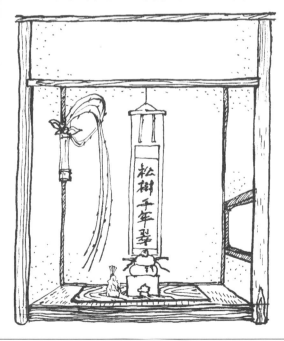

花入

床之间的薄板上，放置着开口很小的竹制花器。

第1章　茶室的魅力

第2章　茶道文化

第3章　茶器与茶苑

第4章　茶道空间的平面配置

第5章　设计、施工与材料（室内篇）

第6章　设计、施工与材料（点前座·水屋篇）

第7章　设计、施工与材料（外露篇）

第8章　古今茶道名作

Point 商人武野绍鸥在堺市的茶道中有舵手之尊，他的这种身份培养了不少弟子，其中一位弟子就是千利休，千利休将侘茶文化发展至巅峰。

武野绍鸥（1502—1555年）

武野绍鸥名仲材，一般被称为新五郎，绍鸥是他的法名。据说，他经营武器、甲胄的生意，生意比较好，其家族从他这一代就富有起来了。绍鸥早年间在京都跟随三条西宝隆学习和歌，然后便对茶道产生了兴趣，在宝隆去世后回到了堺市。

绍鸥培养了津田宗及、今井宗久、千利休等茶道高手，这些人皆是引领堺市走向文化兴盛的人。

千利休（1522—1591年）

千利休本名田中与四郎，法名宗易，利休是他的居士号。千利休出生于堺市，千利休的父亲是田中与兵卫，在堺市经营着一家鱼铺。千利休跟随武野绍鸥学习茶道，逐渐成为首屈一指的茶人，后受到织田信长提拔，成了教习茶道的茶头之一，之后千利休还侍候丰臣秀吉。

1582年，本能寺之变后，千利休追随丰臣秀吉迁移到山崎，在这里建造了二叠大小的待庵（见210页）。

1585年，千利休负责丰臣秀吉的"禁中茶会"，在那段时间，正亲町天皇赐予他利休的居士号。1857年同样也举办了禁中茶会，在这次茶会中公开展示了"黄金茶室"（见212页）。在日本室町时代，用装饰华丽的茶道具来接待天皇的做法非常普遍。

这次举办的"北野大茶会"是千利休最后一次出现在台面上。

1591年，在千利休70岁的高龄时，丰臣秀吉命令他切腹自杀，原因是在大德三门寺上设置的千利休木雕像——在天皇敕使也会通过的三门上设置脚踏雪鞋的千利休木雕像，被认为是大不敬。但是根据推测，木雕像事件只是一个导火索，理由不止这一点，街头巷尾有不少的议论，比如，千利休卷入了丰臣秀吉政权下的权利之争，堺市商人势力变小而博德商人势力壮大等说法。

千利休成就了侘茶这种形式的茶会与茶点礼仪，发展出了自己独创的茶室及道具，进一步加强了茶本身所拥有的精神价值，并对后来的茶道产生了非常大的影响。

武野绍鸥

千利休

第1章　茶室的魅力

第2章　茶道文化

第3章　茶室与茶苑

第4章　茶室空间的平面配置

第5章　设计、施工与材料（室内篇）

第6章　设计、施工与材料（点前座·水屋篇）

第7章　设计、施工与材料（外观篇）

第8章　古今茶室名作

茶人基础知识（2）

Point 武家茶人比较重视设计，倾向于被人们看见，而千家茶人则将茶道发展到极简。

古田织部（1544—1615年）

古田织部通称左介，名重然，出生于美浓，是一名武将。

古田织部先后追随织田信长和丰臣秀吉，秀吉去世后他专注于茶道。古田织部向千利休学习茶道，是利休门下最优秀的七位弟子之一。古田织部还担任指点二代将军德川秀忠茶道指南一职，负责指导大名[36]。

古田织部让美浓一带的窑厂烧制茶用陶器，这些陶器融合了古田织部的个人喜好，因此这些陶器被称为"织部烧"。其外形跳脱了常态，比较自由豪放，被称为"戏谑之作"。

古田织部的茶室代表作品是薮内家[37]的燕庵（见第218页），但是燕庵在幕府末年被烧毁，现存的遗迹是移筑到别处、忠于原貌的复原之作。

织田有乐（1574—1621年）

织田有乐是织田信长的弟弟，乳名是源五郎，长大后被称为长益。织田有乐在本能寺之变后便追随丰臣秀吉，丰臣秀吉去世以后跟随德川家康，冬之阵[38]战役时支持丰臣秀吉在大阪方面的势力，夏之阵战役时则隐居于京都。

织田有乐作为一名武将，虽然没有得到人们很好的评价，却是一名非常有才华的茶人和茶室设计师，在建仁寺内建造了如庵（见第216页）。

千宗旦（1578—1658年）

千宗旦是千家的第三代，也是三千家（宗旦流）的创始者，字符伯。千宗旦的父亲名为少庵，是千利休的续弦宗恩带过来的继子。母亲名为龟女，是千利休的女儿。在以小堀远州等人为代表的美侘盛行的时代，千宗旦仍然持续探索侘茶的领域，谨守一又四分之三叠大小的一叠大目茶席。

利休切腹自杀后，千宗旦曾跟随父亲千少庵一同寄居在会津的蒲生氏乡处。在1594年，千宗旦被允许返回京都，在同年建造了不审庵（见第226页）。千宗旦晚年时，将不审庵让给了三男江岑宗左后，另外，又建造了今日庵及又隐（见第224页），后来，千宗旦的儿子们分别自立门派，次男一翁建立了武者小路千家，江岑创立了表千家，仙叟设立了里千家。

古田织部

织田有乐

千宗旦

第1章 茶室的魅力

第2章 茶道文化

第3章 茶室与茶苑

第4章 茶室空间的环境配置

第5章 设计、施工与材料（室内篇）

第6章 设计、施工与材料（点前篇·水屋篇）

第7章 设计、施工与材料（外观篇）

第8章 古今茶室名作

019 茶人基础知识（3）

Point 小堀远州的茶道将草庵茶与书院茶结合起来，称为"美侘"。

小堀远州（1579—1647年）

小堀远州出身于近江，是一名武将，名政一。在江户幕府内专职从事建设，负责建筑、土木、庭园造景等工事。

小堀远州的茶道源于古田织部，在为德川幕府第三代将军德川家光献茶后，他就被称为将军家的茶道师范。小堀远州所创立的美侘将草庵茶及书院茶相结合，被认为是将日本王朝时代的幽玄茶风与中世侘寂相结合的产物。

作为建筑师，小堀远州非常活跃，具有时代性的代表作品，如天皇寝殿区（内裏）、伏见城本丸书院、二条城、江户城等。金地院八窗席、龙光院密庵席等是具有代表性的茶室作品。另外，还有以造园师身份完成的仙洞御所、孤篷庵茶庭等。

有很多传言说桂离宫是小堀远州设计的，其实不是。这是因为当时受小堀远州影响的建筑都被当成是他的作品。这也说明了他当时在建筑及造园技术上的高明。

片桐石州（1605—1673年）

片桐石州的出生地是摄津茨木，乳名为鹤千代，长大后被称作"长三郎贞"，后改名为石见守贞昌。

片桐石州担任京都知恩院的作事奉行等职务，他被认为是小堀远州的后继者。此外，他受四代将军家纲征召，任职专事名物鉴定的御道具奉行，制定了德川幕府的茶道规矩，即柳营茶道。后来，片桐石州在大和建造了慈光院，并在这里隐退。

松平不昧（1751—1818年）

松平不昧是出云松江藩的第七代藩主，名治好，后来改为治乡。

他在17岁时就成为藩主，并且开始学习茶道。在任期间，他实行藩政改革，并且以治水、新田开发等政策改善地方财政的状况。在19岁时开始学习禅道，并且创立了禅茶一味的茶风。退隐后，他在江户品川的高台建造了大崎园（见第228页），喜欢与大名、文人雅士等人在一起享品茗之乐。他的茶室作品比较有名的有建于有泽家内的菅田庵。

小堀远州

片桐石州

松平不昧

第1章　茶室的魅力

第2章　茶道文化

第3章　茶室与茶苑

第4章　茶室空间的平面配置

第5章　设计、施工与材料（室内篇）

第6章　设计、施工与材料（点前座・水屋篇）

第7章　设计、施工与材料（外观篇）

第8章　古今茶室名作

茶人基础知识（4）

Point 近代的数寄者（茶人）将历史的名作搬了出来，利用农家建筑创造了数寄屋建筑（茶室建筑）。

益田钝翁（1847—1938年）

益田钝翁出生于佐渡，乳名是德之进，名孝。明治维新后，他在横滨从事贸易，后来与三井物产合汇，创立了三井财阀。

大师会是在1895年籍弘法大师的忌日时成立的茶会，钝翁为了这个茶会的成立竭尽全力。他也将农家建筑移到箱根的强罗公园中，修建了改造后的茶室。

原三溪（1868—1939年）

原三溪出生于岐阜县，名富太郎，是横滨原家的入赘女婿，因为经营纺纱贸易，而成了富商。

原三溪在横滨的本牧市建造了三溪园，并改建了纪州德川家的建筑物立春阁、月华殿、春草庐等，将之移筑到院内，使之成为一个大型建筑博物馆。

松永耳庵（1875—1971年）

松永耳庵生于长崎县，幼名龟之助，后被称为安左卫门。他创立了电力事业，还致力于产业的重组。

他在埼玉县的柳濑村经营了多摩民房的山庄，在那里享受了茶道的乐趣。

小林逸翁（1873—1957年）

小林逸翁生于山梨县，名一三，是阪急东实集团的创始人。发展了铁路沿线，把住宅和办公空间用铁路系统连接起来，并建立了娱乐设施，这就是当时的新城市规划理念。

逸翁在大阪池田的雅俗山庄建造了很多间茶室，包括设有茶座的立礼席（见第124页）的茶室"即庵"。

野村得庵（1878—1945年）

野村得庵，名德七。他是建立野村财团的企业家，除了曾经担任大阪野村银行、野村证券公司社长外，还担任野村无限公司、野村东印度发展公司的社长及大阪燃气、福岛纺织等董事。

除了茶道以外，德七还娴熟地掌握了音乐和绘画等技能，在京都南禅寺近郊建造了一幢带着别墅的碧云庄，其庭园的景观由小川治兵卫设计。碧云庄是与庭院景观相互协调的现代和风宅邸，包含书院、能舞台、茶室等17个建筑物，被指定为重要文化遗产。

益田钝翁

原三溪

松永耳庵

小林逸翁

野村得庵

第1章 茶室的魅力

第2章 茶道文化

第3章 茶道与茶苑

第4章 茶室空间的平面配置

第5章 设计、施工与材料（室内篇）

第6章 设计、施工与材料（点前座·水屋篇）

第7章 设计、施工与材料（外观篇）

第8章 古今茶室名作

短评②

千家十职

在茶具的制作者中，特别是由千家指定的被称为"十人十职"的十支家族，负责生产十种类别的道具。原始组成是来自日本江户时代的，但现在的谱系是在明治中期左右建立的。

陶工： 乐吉左卫门	乐吉左卫门是乐烧家族的第十五代传人。乐烧是一种手捏的手法，不使用辘轳，只是用手及修坯刀将陶器雕塑成形
釜师： 大西清右卫门	从日本室町时代后期开始，就烧纸茶用铁壶（汤釜）的釜师。居住于京都的三条釜座
涂师： 中村宗哲	涂师就是漆匠，最早时生产漆有泥金的家具。在日本明治时代以后，专业从事茶道具的涂饰工作
指物师： 驹泽利斋	指物是把木板拼在一起制成的日用器具和工艺品的总称，其中将专门从事生产炉缘、架子、香合[39]等称为指物师
金物师： 中川净益	金物师原本是在越州这个地方制造甲胄和盔甲，后来，由于受到千利休的委托制造了茶壶，以此为契机，开始制作茶具
口袋师： 土田友湖	所谓的"口袋师"是制作茶具中放置茶罐的外袋、茶道具的擦拭布的职业。在表千家的六代、觉觉斋的时候土田家成为千家的口袋师，在七代如心斋的时候，被赠予了友湖的号
表具师： 奥村吉兵卫	表具是为了经卷、书画等保护和装饰而开始的技术，在奥村家，他们专门从事书法的卷轴装裱，制造立于茶用道具后边的屏风等工作
一闲张细工师： 飞来一闲	"一闲张"的做法是用竹子和木做骨架，外部反复糊上和纸塑形，或者在木型模子上贴上多层和纸，然后去掉模子并涂上厚厚的漆使其固定成型
柄杓师： 黑田正玄	柄杓师的工作是制作以竹子为材料的柄杓、香合、台子等茶道具
土风炉师： 永乐善五郎	土风炉是通过烧制泥土制作的风炉。在永乐家，就有在素烧器（低温烧制的土坯）上涂黑漆的土风炉，以及打磨土器（素烧陶器）表面的土风炉等

第 **3** 章

茶室与茶苑

021 茶道空间起源

Point 一所铺着豪华装饰的会所和朴素的庵室建筑，共同塑造出茶室的空间形态。

会所

日本中世的会所，是提供给人们进行连歌和饮茶的地方。虽然会所本身的形式并不明确，但据说在室内装饰着华丽的座敷装饰。

早期会所只是建筑物中一间被称为"九间"（十八叠）的大房间。日本室町时代后，就开始出现了独立的建筑。例如，足利义满建造的北山殿，就是在现在的金阁寺内，据说，在金阁寺旁边建了两层楼的会所。此后，历代室町的将军都在宅院后面的庭院中兴建会所。

庵

庵是出家的僧侣和避开世俗的隐士所居住的建筑。众所周知的是《方丈记》（1212年）中记载的鸭长明居住的边长约为3.3米的小屋。

另一方面，日本室町时代的人家也会在町家[40]基地内建造偏房，这类建筑也被称为"庵"。庵一般是被用来当作退休后的居所，或者也可以在这里举办宗教仪式，后来，就成为喝茶的地方。这种建筑一般设置在町家基地的最里面，在四周会种植树木。

另外，在文化人中也有使用竹子来搭建的庵子，这类庵被称为"竹亭""竹丈庵"。

茶室的起源

当贵族、武士、僧侣、商人在饮茶中相互交流时，其关于建筑的观点也会发生变化，而且，在思想上会向侘寂方向发展。也就是说，在隐居者的庵和平民的庵子的影响下，统治阶级的思想也会发生变化，会在自己的居所内建造朴素的建筑。最开始的时候，是在宽广的和室中用屏风来区隔，不久就发展为一个个独立的小房间。在这样的情况下，茶室诞生了。

会所

足利义教所建造的室町殿里的南向会所（笔者绘制）。

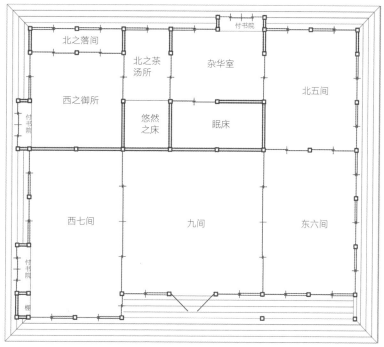

庵

城镇街道中的庵

这是在《町田本洛中洛外图》的屏风（日本国立历史民俗博物馆收藏）上所画的庵，在图上中央竹林的左侧。

引用自《町田本洛中洛外图》

竹丈庵

《慕归绘》（西本原寺藏）中所画的觉如的竹丈庵，作为庵来讲，其规模很大。

引用自《慕归绘》

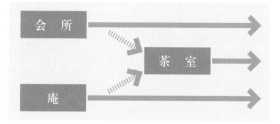

茶道文化

茶室与茶苑

第3章

茶室的历史（1）

Point 在对茶道精神的探索转向简朴后，人们用屏风将会所空间划分成小块的空间，由此产生了四叠半的茶室。

四叠半的茶室

在对茶道精神的追求转向质朴后，也影响了统治阶级的思想（见第50页），他们在会所中用屏风划分成小块空间。有一种说法，把18叠大的房间隔出1/4的空间，这是四叠半茶室的由来。大概在茶道精神转向侘茶的过程中，人们更加倾向于空间小、边长只有约3.3米宽的四叠半空间。其中摆设的装饰道具也必须经过严格挑选。

不久，作为独立房间的四叠半的茶室诞生了。作为独立的房间，茶室最初的形式是在室内设置一叠的床之间，装饰物被集中摆放到此处。在房间的出入口处设置了纸拉门与横条格拉门，进出时需要经过走廊。房间内不另外设置窗户，以使光线来自同一个方向，因此，这类茶室比较重视建筑的朝向。

武野绍鸥的茶室

据说，堺市的商人武野绍鸥是将和歌与连歌的意境带入到茶道中的人。武野邵鸥所建的四叠半的茶室被《山上宗二记》记载了下来。

根据他的记载，武野绍鸥的茶室与坪之内（见第62页）建在城镇街道的一处。茶室内的床之间有一叠大小，底边装饰横木条床框用日本板栗以搔合[41]的工法制作而成；鸭居[42]的高度较一般的低，角柱用的是桧木，内壁采用贴板墙。茶室的入口向北，在入口前方铺有横排竹条编成的踏板簧子缘。入口向北，是因为光源稳定，能够使人们在这种光源中很好地鉴赏茶具。

武野绍鸥的四叠半茶室，受到今井宗久、津田宗及、千利休等当时精通茶道的茶人的欣赏，之后纷纷仿效这种风格制作副本。但是，邵鸥的茶室后来被认为使用了唐物，不久后，侘寂文化进一步得到深化，他的茶室就被称为"过去的四叠半"。

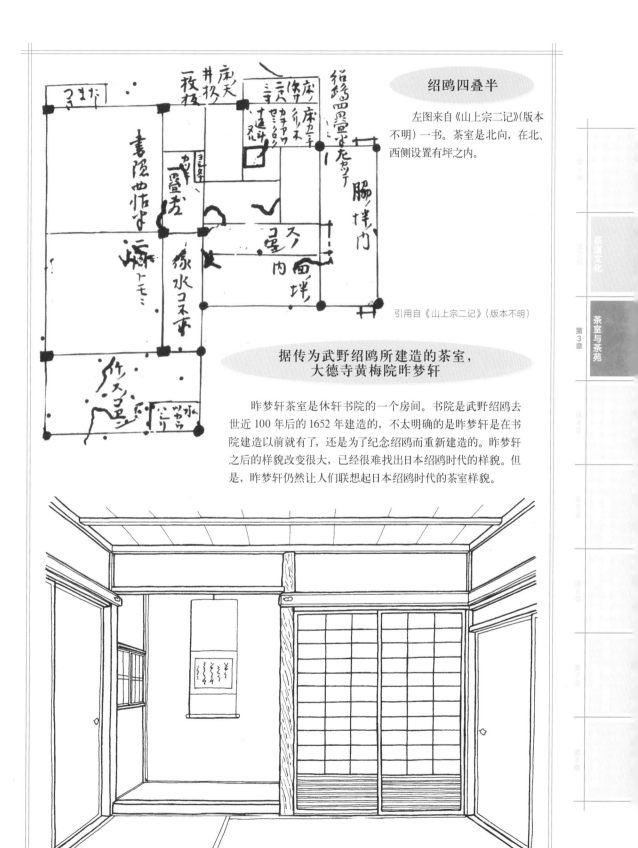

绍鸥四叠半

左图来自《山上宗二记》(版本不明)一书。茶室是北向,在北、西侧设置有坪之内。

引用自《山上宗二记》(版本不明)

据传为武野绍鸥所建造的茶室,大德寺黄梅院昨梦轩

昨梦轩茶室是休轩书院的一个房间。书院是武野绍鸥去世近 100 年后的 1652 年建造的,不太明确的是昨梦轩是在书院建造以前就有了,还是为了纪念绍鸥而重新建造的。昨梦轩之后的样貌改变很大,已经很难找出日本绍鸥时代的样貌。但是,昨梦轩仍然让人们联想起日本绍鸥时代的茶室样貌。

023 茶室的历史（2）

Point 千利休一方面模仿武野绍鸥的四叠半（约7.3平方米），另一方面又对侘寂有进一步的追求，创造出了将四叠半茶室缩小一半二层的二叠茶室。

千利休的四叠半

千利休是武野绍鸥的弟子，在初始时期，他以绍鸥的四叠半为基础建造茶室。

根据细川三斋的记录，千利休在堺市的宅邸内建有四叠半的茶室，由四张障子壁构成。室内的角柱用了不上色的松木，床之间铺贴了高级的鸟子和纸[43]。像这种柱体不使用较为高雅的桧木，却使用了松木材料，采用了未经过涂装的粗坯土壁的做法，展示出千利休虽然以武野绍鸥的茶室为基础，但是在其中却添加了一些侘寂精神。

根据后来的资料，过渡期的四叠半茶室如《片桐贞昌木匠方之书》中记载了床之间的四叠半茶室。在那之前的茶室，比如从上文介绍的绍鸥的四叠半茶室中也能看到，客人会经由称为"坪之内"的小院子进入茶室。《片桐贞昌木匠方之书》所记载的却不同，进入茶室是在钻过小门后，进入未经过铺设的玄关，再从设有障子门的入口登上茶室。坪之内上有着屋顶的形态。这被认为是蹦口还未出现以前的做法。

千利休的侘茶室

前面介绍过的妙喜庵中的"待庵"（参考第210页），建造于何时仍然不明确。推测可能是在山崎之战（1582年）以后所建造的。待庵的蹦口比一般的大一些，另外茶道口（亭主的出入口）采用双向、没有边框的和纸拉门（太鼓襖[44]），地炉则小于常见的尺寸，这些都展现出过渡期的茶室面貌。

千利休也是在这个时期，出于对空间的考虑，突破性地建造了二叠大的茶室。将正方形平面的四叠半缩减一半制作而成。

另外，大目构（见第180页）的产生、采用去皮圆木柱的形式、开设下地窗及连子窗的土壁，使绍鸥的书院风的茶室风格向草庵风格转变，使空间的侘寂精神得以更好地体现。

千利休聚乐屋敷四叠半

开始时,千利休承袭了绍鸥的四叠半茶室,不久设有躏口、大目床(见第146页)的空间形式发展了出来(以中村昌生复原图为基础绘制)。

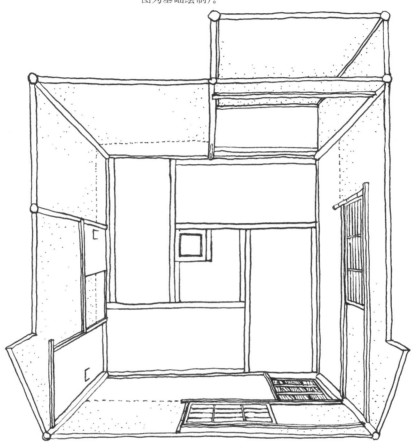

关白样御座敷

《山上宗二记》(版本不明)中的二叠茶席。虽然详细情况不明,但是一般认为是千利休为丰臣秀吉而建造的。根据图示可辨识二叠茶室中约有16.5平方米的"床之间""次之间"及"坪之内"。关于茶室的所在地有多种说法,有大阪城说、山崎城说,还有另外一种说法,认为二叠茶席是现存的妙喜庵的待庵的原型。

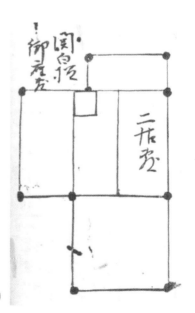

表千家所藏《山上宗二记》(版本不明)

024 茶室的历史（3）

Point 武家茶人的茶室，以利休的侘寂风格为主，另一方面也非常重视其设计感。所以书院风格和草庵风格的界限变得模糊起来。

武家的茶室

在千利休之后，古田织部、细川三斋、小堀远州、织田有乐、片桐石州等武家茶人活跃起来了。

也正是因为这些茶人，使得在千利休引导下的朝向极端发展的侘茶文化走向和缓。千利休也建造了三叠大目的茶室，不过却大多使用四叠半与二叠两种。对武家茶人来说，他们比较重视空间的宽敞度与舒适性，以环境的愉悦感为优先考虑因素，因此建造了许多三叠大目茶室。

比如，古田织部经常使用锁之间（见第114页）。在这个小座敷饮茶结束后，他就请客人移步到锁之间，并用料理来招待客人。相对来说，千利休不将技巧表现出来，而古田织部则重视整体的"景"的设计。因此就出现了许多如"燕庵"（见第218页）的墙壁和顶棚组合灯这样具有意匠的设计。另外，大目构形式是千利休所发明的，但是织部等武家茶人将点前座视作舞台，在考虑客人视线的情况下进行设计。

小堀远州使织部的茶道进一步发展，比如不将蹦口设于角落的位置，而是在客座的正中偏开的位置，以区别客座位置，强调上下的对比，这种变化也与他在江户幕府担任要职的立场有关系。另外，小堀远州也采纳了在书院和室内点缀草庵的设计手法，创造出美侘空间。在座敷的装饰中，他提出了新的设计手法，在装饰中混合朴素的风格，新的境界便营造出来了。

还有一种新的思想重新诠释了千利休的侘寂风格，并与远州等人的新颖的设计手法相结合，比如石州在慈光院的茶室中通过借景的手法使得人们在茅草屋的建筑物中就能欣赏到更加开阔的风景。

日本江户时代后半期的时候，松平不昧登上时代舞台。一方面他以古典理论为基础，追求千利休的严肃风格，另外一方面也发展新的空间设计。

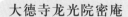

大德寺龙光院密庵

小堀远州所建。当初是独立的一栋房子，现在与书院相连。下图右侧为"密庵床"，是为了展示密庵禅师的墨宝而设立的床之间。

大德孤篷庵忘筌

小堀远州所建。原来的建筑被烧毁，后来在近卫家和松平不昧等人的援助下重建起来。

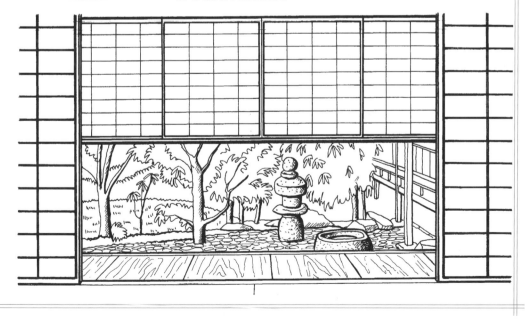

第3章　茶室与茶苑

025

茶室的历史（4）

Point 千家深化了侘寂的精神，利休的遗志得到了进一步的继承。另一方面，贵族则创造了更为优秀的茶室建筑。

千宗旦的茶室

与武家茶道的流派相比，以千宗旦为首的千家，则继承了千利休的侘寂精神，并且以进一步提升至以完美为目标。千宗旦的父亲千少庵回到京城后，以千利休的聚乐宅邸中的色付九间书院为原型，建造了座敷与三叠大目的茶室。另外，以千利休建造的待庵（见第210页）为原型所建造的妙喜庵，据推测也是建于这一个时代的。

千宗旦将千利休的一叠半茶室复兴了，名字叫作"不审庵"（见第226页）。虽然不审庵后来从一叠半变为三叠半，但千宗旦又建造了一座一叠半的今日庵，以及四叠半的又隐（见第224页）。这些茶室都非常朴素，如果想进一步升华千利休的侘寂精神，应该尽可能地减去无用的不必要的东西。

千宗旦的弟子，藤村庸轩建造了非常具有侘寂精神的淀看席（见第111页）。由总屋根里[45]、室床[46]、点前座等构成，是宗贞围的形式。

贵族的建筑

小堀远州等茶人活跃于日本宽永年间（1624-1645年），以贵族为中心，武士和僧侣等文化人频繁交流，称为"宽永文化"或"宽永沙龙"。

脱离政治中心的贵族们，将自己的精力转向文化层面。比如水尾上皇建造了修学院离宫、八条宫智仁，智忠亲王是桂离宫的建造者等，这些建筑后来被归类为茶室风格建筑。这些建筑是贵族们的居住生活空间，大量运用了随着茶道的发展而新兴的新技术与设计。

这些建筑的外观虽然朴素，但是内部展现了非常丰富的技巧和创新的设计手法。如桂离宫的御舆寄的石板铺面与飞石的拼装组合，新御殿内组合各式棚架、柜子而成的挂棚，松听琴内两色交错的市松模样[47]等。

西翁院淀看席

下图的点前座的形式被称为"宗贞围"，地炉采用向切的方式，设置于点前座靠近客人座处。

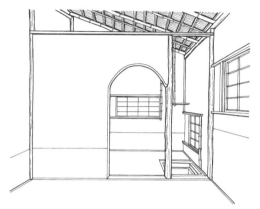

表千家点雪堂

下图的点前座的形式被称为"道安围"，地炉采用"四叠半切"的方式，设置于茶席中央。

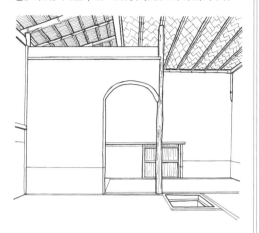

道安围与宗贞围

千道安设计的形式被传达，这就是道安围，在客人座与点前座之间设置了壁面，墙壁上开设了出入口，供应餐食用。地炉以四叠半切或者大木切的方式设置。另一方面，宗贞围是平野屋宗贞很喜欢的形式，同样在客、主席间设有壁面，地炉却采用了向切的形式。但是，也有称这道壁面为道安围，或指墙壁，或指千道安所发明的形式，这两种说法都可以。另外，宗贞做的宗贞围这种三叠茶室内点前座采用地炉向切、下坐床的形式，也被称作"宗贞座敷"。

桂离宫新御殿挂棚

由各种各样的架子混合而成。

桂离宫松琴亭"一之间"的市松模样

深蓝色与白色相间的市松模样，对比鲜明。

茶室建筑（数寄屋建筑）

在桂离宫建造的同一时期，小堀远州的美侘精神对茶室风格建筑影响深远，另外，也结合着贵族的美学意识而发展。

026

茶室的历史（5）

Point 在不幸历史的背景下，近代茶室的历史拉开了帷幕，却在新的价值观念中，被意外地重新认识，且受到高度的关注。

近代初期

近代初期，对茶道来说是一个不幸的时代。因为价值观的变化，武家与寺院中的茶室中很多有价值的东西没有了，许多茶具已不见踪迹了，但是有一部分古老的美术品被博物馆收藏了。有一些近代的有经济能力的茶人，尽力将这些物品收集起来。近代初期，茶室建筑则是以移筑及随之出现的改筑为主流。

近代茶室的繁荣

另一方面，在封闭的场所举行的茶道会，随着公共场所中诞生的社交设施而有了不一样的发展，例如星冈茶室（见第232页）和红叶馆。虽然后来转变为餐饮的场所，但是在最初却被定位为社交设施。在这样的场所中，新一代茶道的旗手就这样被培养出来了。

在日本明治时代晚期，茶人们开始积极建造自己的茶室及包含茶室的建筑，茶室建筑师在技术上支持了他们。这个时候他们不遵循传统规则，创造出崭新的茶室空间。

从日本大正到昭和初期，利用民宅做茶室流行起来。将民宅进行改修，或者用民宅的旧有材料来建造茶室。其中益田钝翁和松永耳庵等人都特别积极。

日本昭和时期的建筑师注意到茶室设计的原理与现代主义建筑设计原理非常相似，一个很重要的契机是布鲁诺·陶特对桂离宫的造访。这使现代主义的新观念融入茶室设计中。

白云洞

日本大正时代初期，益田钝翁建造了白云洞，他把民家的茅草屋改造成茶室。后来，转让给原三溪，之后转给松永耳庵。

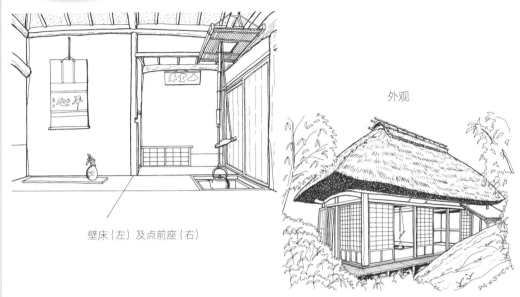

壁床（左）及点前座（右）

外观

阿姆斯特丹学派的建筑

现代主义兴起前的造型运动，属于表现主义的一派。阿姆斯特丹学派使用茅草和砖瓦等自古以来就有的材料尝试创造新的造型。堀口舍己等日本的现代主义者受到这一学派的巨大影响。下图是位于荷兰贝亨奥普佐姆的郊区住宅。

现代主义建筑

20 世纪以前的建筑样式，以铁、玻璃、混凝土为普遍材料，打造具有普遍性的国际通用风格建筑。从 19 世纪末到 20 世纪初发生的各种各样的造型运动也对现代主义建筑造成了影响。

027

茶室与露地

Point 在城市的中心部位能够过上犹如山居的生活，这被称为"市内山居"，这在 16 世纪前半期盛行。

茶苑

茶室一般都与露地一起建造，茶室与露地等组合而成的整个茶道空间被称为"茶苑"。

市内山居

葡萄牙的传教士陆若汉将"市内山居"一词介绍给普通大众。"市内山居"指的是16世纪前半叶繁荣的京都与堺市，为了与城市的喧嚣相隔绝，人们在自家屋子的深处设置了空间。特意在自家宅院中建造类似于山间草屋的建筑，以质朴为宗旨，享受心灵的交往与茶道的乐趣。另外，还搭配一些植物来营造山野的氛围，比如用爬山虎的浓厚色彩来表现季节的变换。

坪之内

武野绍鸥在自家建造了四叠半的茶室，前方设有前坪亭，旁边是细长的侧坪亭，用壁面围塑而成，其作为进入茶室的主要动线，发挥了重要的作用。

坪是建筑物与栅栏围隔起来的空间。在日本平安时代的寝殿造[48]的建筑形式中，有被寝店、对屋、渡殿所包围的被称为"壶"的中庭。16世纪后，更加封闭的坪之内出现了。

市内山居的形象当然是虚构的，但是具有精神的象征意义。将只有墙面包围而没有植物的小空间"坪之内"，想象成步入深山的路径。由于坪之内具有通道的性质，所以也称为"露地"。

武野绍鸥及千利休屡屡尝试设置坪之内，但是可能是因为太过于素朴，之后很少出现。在自然景观的营造中，营造露地空间的手法成为主流。

坪之内

《山上宗二记》（版本不明）里介绍的绍鸥四叠半茶室平面图，包含面坪之内、胁坪之内等空间。

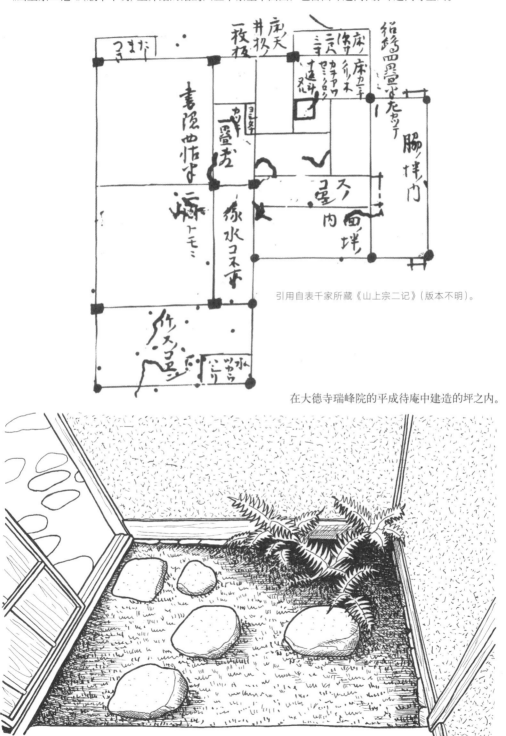

引用自表千家所藏《山上宗二记》（版本不明）。

在大德寺瑞峰院的平成待庵中建造的坪之内。

第1章

第2章　茶道文化

第3章　茶室与茶苑

第4章

第5章

第6章

第7章

第8章

028

门、玄关、寄付

Point 寄付是在客人进入茶室前做准备的场所，也是前往茶室的入口，偏好较为保守的设计。

门

在《名记集》中，关于千利休的聚乐屋敷的文章中有这样一段描写："既不高也不低，坡度不陡也不缓。"这是用来形容门上屋顶的外观结构恰到好处。从另外的意义上来说，往往拥有权力或财力的人容易变得高傲，或是反倒显得过于谦卑，因此门上屋顶的设计说明了保持"合宜"姿态的重要性。

玄关

玄关是进入玄妙之境的空间，有时也用来指去往禅师居住地的入口。后来，武士的居宅的正式入口或农家建筑中让官员等尊贵客人所走的门，也都称作"玄关"。

以前玄关形式的代表是在内侧的客厅里设置面向外面的踏台与双向拉门。近年来会在门的内侧设置地面没有经过铺装的外玄关，且在阶梯的高低差部分装饰横木，用来作为大厅和走廊相连的形式。

寄付

寄付是客人进入茶室前做准备的场所。当客人有好几位时，这个用来做准备的场所就有了集合地的意义。另外，整理服装仪表的空间称为"袴付"。通常，寄付与袴付作为一个房间出现的情况也有很多，不过，根据情况的不同，也会有个别设置的情况。房间中会准备乱箱，乱箱就是放置衣物等无盖的浅箱子，方便客人暂时搁置衣服和包等。

茶道空间中的寄付，作为茶道场所的设施，大多数设置在玄关附近。一般的住宅，会设置在屋内比较容易进入且适宜的房间。因为在寄付的设计上没有固定的规则，总体来说是朴素的设计，床之间也以简朴的形态为好。

玄关、寄付、露地的实例

在大寄茶会举办的时候，多将接待处设置在已经铺设了榻榻米的玄关处。

寄付设置在玄关附近的地方，这里有时也兼作袴付。

露地（见第66页）的入口叫作"露地口"，在本案中，是以寄付外侧的檐廊作为入口。

此外，露地还分为外露地和内露地，内腰挂有时候会被省略。

在外面的露地会设置下腹雪隐（厕所）供人们使用，内露地设置的是装饰性的砂雪隐（厕所）。

在禅院中对厕所进行清洁是重要的修行，雪隐是这种精神的重要表现。

因此，亭主将雪隐清洁干净，并由客人鉴赏。但是现在也会将这个程序省略。

另外，设置有下腹雪隐的场所，有时会同时设置腰挂，但是为了不让客人被声音干扰，需要将两者拉开一定的距离。

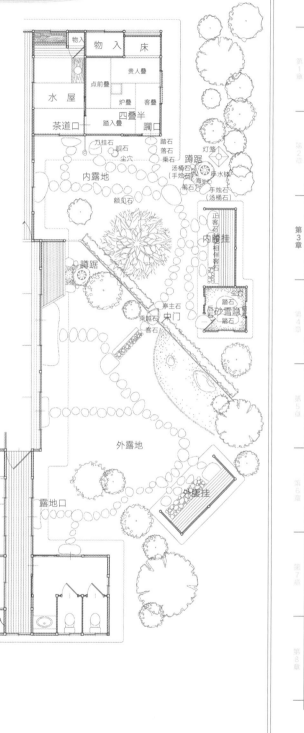

图释
收水钵：盛洗手水的盆。

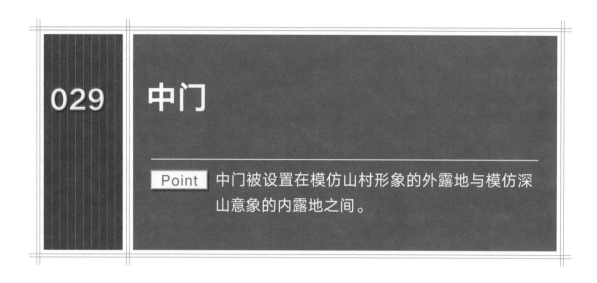

029

中门

Point 中门被设置在模仿山村形象的外露地与模仿深山意象的内露地之间。

外露地、内露地、中门

露地以包括外露地与内露地的二重露地为多。拿市内山居（见第62页）的意象来看，外露地表现山村的外貌，内露地则是展现深山的意境。根据内、外的区别，寓意出朝着山林深处前进的意义。

中门，设置在外露地与内露地之间，相较于一般的屋门更加简便。在两根柱条中间，装上轻薄的门扇。有的会在门上加上屋顶，有的则不会。

中门的种类

枝折扉是用细长木材或竹子做成的门框，再以竹条或树枝条编制而成，是无屋顶的形式。

猿扉是指附有猿的简易木制锁的中门。门扇大多使用木板门。顺便说一下，猿有一旦捉住就不放手的意思。

网代扉是指把竹子和木材削成片，从斜、纵两个方向编织成网状，再在外边加上门框的门扇。

篁扉，有时也称为"枝折扉"，是将木条作为横向的主干，再以纵向的大间隔插入竹枝的形式。

"扬篁扉"别名"半蔀"；"拔木扉"，是指将篁扉以棒子的形式吊起。

梅见门的屋顶样式是简易的切妻造形式，大多数都会装上双开的竹格子门扇。

网笠门有让人联想到斗笠的屋顶形态，装有左右两面开（双开）的门扇。

另外，也会用所使用的屋顶的材料或者手法来对中门的种类进行分类，如茅茸门、桧皮茸门、竹茸门、柿茸门、小瓦茸门、大和茸门等。

比较特殊的是表千家在露地上设置的中潜门，用围墙上的小洞作为门。这是受到了坪之内的入口形式的影响，或者可以当作蹦口的先期形态。

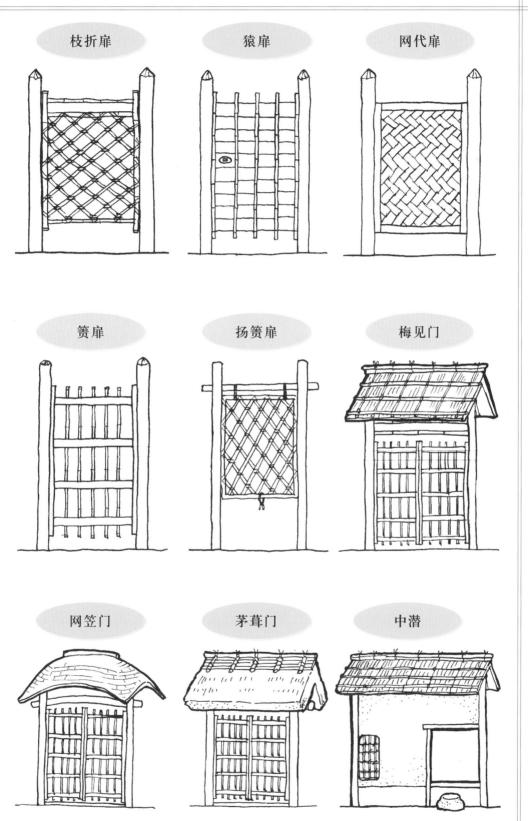

枝折扉　　　　猿扉　　　　网代扉

簀扉　　　　扬簀扉　　　　梅见门

网笠门　　　　茅葺门　　　　中潜

030 腰挂

Point 设置腰挂的最适宜的地点，是能够看见不远处的中门又能够听蹲踞声音的位置。

腰挂的用途

在露地里设置的腰挂是亭主前去迎接客人的地方，也是茶事中场离席时休息的场所。在双重露地的场合下，在外露地设置外腰挂，在内露地设置内腰挂。有只设置外腰挂的情况。反之，如果只设置内腰挂，那么亭主就没有办法前去迎接客人，所以外腰挂是必不可少的。另外，也有使用寄附外边的檐廊作为外腰挂的情况。

腰挂的位置与形态

外腰挂被设置在露地口与中门之间的外露地中，大多配置在露地的附近或稍微靠近内侧的地方，如果与中门成一条直线，则不太好用。最好是设置在既能看见不远处的中门，又可以听到蹲踞声响，而且也无法直接看向茶室的地方。腰挂的朝向以与内露地客人的动线平行为宜。

内腰挂被设置在从中门到蹲踞间的内露地里面，以平行客人动线的配置为好。

腰挂的大小按照客人的数量，也就是茶室的大小来决定。四叠半茶室最多容纳5位客人比较合适。每个人需要的空间宽度约为0.5米，5人就是2.5米，宜留出一些富余空间，比如2.7～3米就可以，也就是说腰挂可以用约2.4米（一叠半）的宽度当作标准。

腰挂有长方形的，偶尔是L形的。上面的屋顶大多是单斜、有一侧为窄浅屋檐的形式。脚下铺有踏石，在大概0.48米的地方架设缘甲板，板子的种类也会有变化。座位的进深只需要0.5米就可以，不过0.6米比较富余、较为宽敞，这样的情况较多。腰挂内侧土墙的下部，会铺贴两排粗制鸟子和纸。

另外，在最后一个座位旁，会挂用棕榈做的露地扫帚作装饰。

薮内家的割腰挂

中潜门的右侧是贵人席，左侧是陪伴席。在这个场合，也有将贵人席只作为象征性的东西而没有实际用到的情况。

里千家的外腰挂

用竹子铺设的是主宾席位。虽然使用的是层级比较低的竹子，但在下方会放置比较大的主宾石。

另外，在贵人席内侧设有砂雪隐，末客席外侧挂有棕榈扫帚。这是平衡空间关系的表现。另外，在实际使用中会铺上圆形的蒲团。

武者小路千家的外腰挂

座位的右半边是榻榻米，左半部分铺有木板。脚下的右边是主宾石，伴客石不止使用一块，而是用两块，使空间的主次关系能和缓地变化。

031 飞石、敷石、叠石、延段

Point 利休说："行走六分，景色四分。"织部说："行走四分，景为六分。"实际上讲的是实用性和设计感的平衡问题。

飞石

千利休说："行走六分，景色四分。"意思是实用性占到六成，景色之美占到四成。织部则与千利休的主张相反，然而无论是千利休还是古田织部，都表达出茶室设计必须兼具实用性与欣赏性。

未经加工的自然石一般会作为"飞石"使用，有时未经切割的石材也会被拿来使用。飞石有多种铺设的方式，包括直打、大曲、二连打、三连打、四连打、二三连打、三四连打、雁挂、千鸟挂、七五三打、筏打等，还有一种是表现树叶在风中散落的样子，叫作"木叶打"。无论采用哪一种，都要考虑行走的体验度。作为要使用的铺设地面的材料，石头的大小一般在0.33米左右，间隔约0.13米，以凸出地面约0.03米的高度为宜。

另外，飞石以蹲口为基准，离蹲口最近的石头是踏石，其次是落石，然后是乘石。

叠石(敷石)、延段

叠石也称为"敷石"，是把石材紧密排列的铺设面。庭园与公园的路面经常使用这种形式，以成为道路的形式出现的情况较多。延段，广义上来讲也是指园路上的叠石，不过，一般将在其中穿插细长的石材后形成的铺面称作"延段"，以使它与玉石敷、冰纹敷作区分。

以飞石为中心的园路上，叠石可以增添路面的变化，常常设置于人流可能停留之处。

叠石的形式很多，可以根据石头的种类、形状，或是根据搭配的组合方式等加以区分。寄石敷是把加工石和玉石等各种各样的石头组合起来，切石敷是切割成正方形或者矩形的石材，玉石敷是使用天然的玉石的石材。在图案的设计上，有格子状的市松敷、切石敷，散石状的霰零、霰崩、一二三石敷等种类。

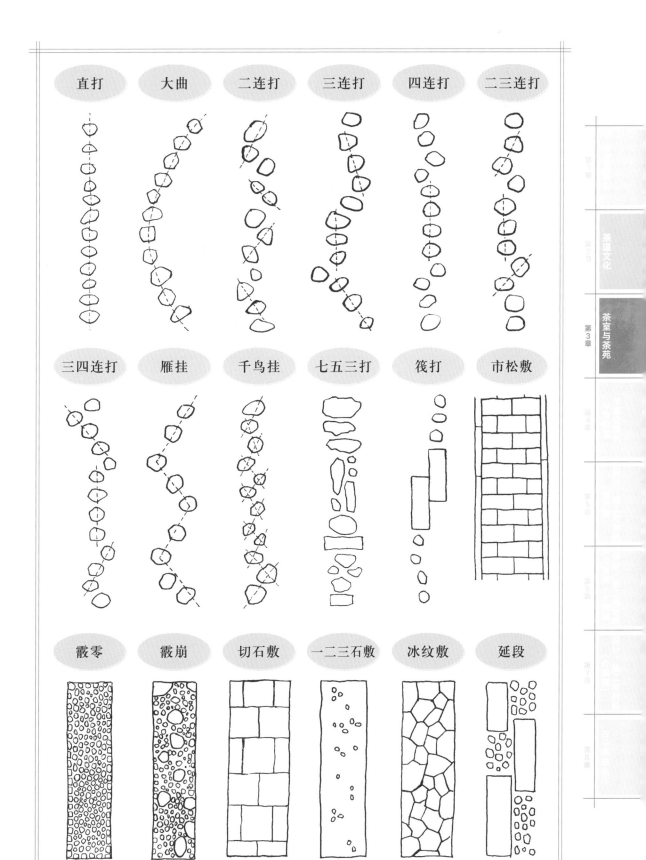

直打　大曲　二连打　三连打　四连打　二三连打

三四连打　雁挂　千鸟挂　七五三打　筏打　市松敷

霰零　霰崩　切石敷　一二三石敷　冰纹敷　延段

032 役石

Point 被摆放在重要位置的石头称为役石。

腰挂内侧

在腰挂的地上会为主宾放置正客石（贵人石）及为次客以下的人设置的相伴客石。

主宾石比次客石以下的石头稍微大一些，也略微高一点（约高1.5厘米左右）。多设置在客人行进方向的前面，以使得客人能够分辨出正客的座位。次客以下的席位，有的会放置一块石头，也有的放置长条状石材或叠石。

中门附近

中门的内侧是为主人设置的亭主石，外侧是主宾站立的客石，次客以下大多会铺设叠石。亭主石及客石中间还会放置略大的乘越石，另外还有一种被兼作亭主石及乘越石的情况。

额见石

客人顺着飞石往蹲口前进的途中，会欣赏到内露地中摆设的额见石，供客人驻足欣赏匾额，也可以称为"游览石"。额见石一般比飞石稍大，但是过大会让人感觉不舒服，需要加以注意。

蹲口前

蹲口周围通常会摆放三块或者两块一组的役石。与蹲口最接近的踏石，会根据地面的高度调整埋设的深度，一般会凸出地面16.5厘米。离蹲口次近的是落石，高约11.6厘米。最后是乘石，高约6.7厘米。役石的高度没有固定尺寸，可以弹性调整，上述的规则只是其中的一例。

蹲口附近的刀挂（见第204页）下方，铺设有刀挂石。刀挂石常被设计成二阶的阶梯状，以表现出刀挂位在高处，人们的视线在眺望时往上移动的效果。

腰挂内侧的役石

腰挂内侧的地面会铺设主宾石与相伴客石。在下边的图上同时设置了砂雪隐（也有设置在其他建筑里的情况），其中有踏石、前石、后石等役石。

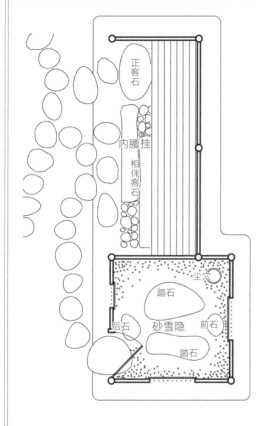

中门附近的役石

内露地的役石为亭主石，外露地为客石，在两者中间的是中门下方的乘越石。

在客石一侧，因为客人们会在此驻足，多以叠石铺设为多。

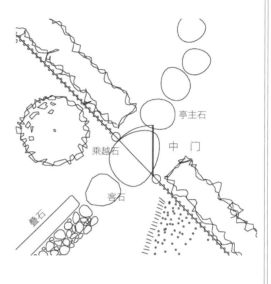

躏口附近的役石

躏口的外侧铺设有踏石、落石、乘石，刀挂下侧则有刀挂石，并在能清楚欣赏到匾额的位置铺设额见石。

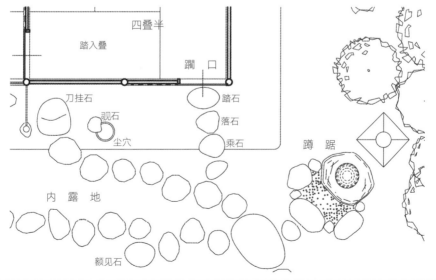

第1章

第2章 茶道文化

第3章 茶室与茶苑

第4章

第5章

第6章

第7章

第8章

033 蹲踞的构成

Point 洗手钵本来是单独设置的，后来才演变出蹲踞的形式。

手水钵

手水钵一般是指神社或者寺庙中祭祀参拜前用来漱口、洗手、净身的石制器皿。后来被应用到茶道空间中，刚开始只单独设置手水钵，到了日本江户时代才出现与役石组合而成的蹲踞。

手水钵一般设置在土间附近、檐廊之处，客人可以站立或者弯腰使用。

手水钵的材料多样，有的使用了天然材料，有的利用了废弃的石灯笼、石塔的一部分，有的则是经过特别设计创作的。

蹲踞

"蹲踞"之名源自人们洗手时的姿势，由较为低矮的手水钵、手烛石、汤桶石，还有供人们站立的前石、海组成。海是指被以上对象包围的部分。

手水钵不是很高，一般高66.7厘米左右，但是依据石头的形状会有所差异。原来的时候，手水钵内的水，是由亭主从井里打上再倒入，近年也有以竹管引水再注入钵内的。

手水钵前面的海，表面铺设有碎石、瓦片，水流下来的地方设置有水挂石，如果水不断流出就必须让水从排水口排到适当的地方；如果不是持续流出，则可撒上砾石、碎石等，让水流入土中，也可以在土中埋设瓮瓶，打造出水滴落时能够产生优美声音的水琴窟。

海的左右两侧分别是手烛石及汤桶石（不同流派可能会左右相反放置），手烛石是为了放置在夜咄茶事时使用的手持烛台；汤桶石则是在冬季遇到水钵内的水太凉的情况时，搁放盛有热水的汤桶，以便客人使用。两者都会用顶部较为平整的石材。汤桶石、手烛石的高度为47~50厘米，汤桶石一般情况下会比手烛石高一些。

袈裟形的手水钵

将石造宝塔的塔身制成手水钵，外部的雕刻纹样类似于袈裟。

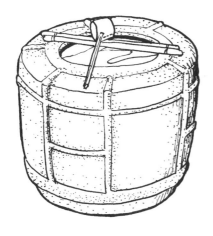

银阁寺型的手水钵

外观为立方体，盛水处为圆形。四周刻有格子与几何形的花纹，原作品在银阁寺内。

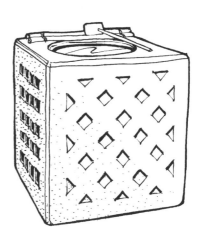

布泉型手水钵

下方是圆柱状的台座，上方放置臼形的手水钵，并且在中间部位挖有方形的盛水处，其原作在大德寺孤篷庵内。

蹲踞

用手水钵、汤桶石、手烛石、前石围绕出海。不同的流派顺序也不太一样，有的将汤桶石、手烛石左右相反放置。为了便于晚上使用，蹲踞大多设置在灯笼的附近。

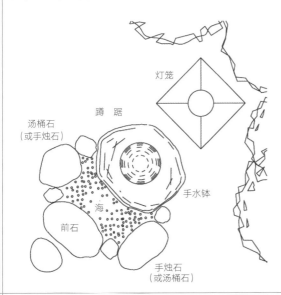

灯笼

蹲踞

汤桶石
（或手烛石）

手水钵

海

前石

手烛石
（或汤桶石）

034 土坪、围篱

Point 本来立在坪之内的是土坪，露地出现后，则使用围篱。

土坪

早期人们会在茶室内建造坪之内（见第62页），用来当作庭院。当时所用的围墙并不是围篱，而是夯土的土坪。这应该是为了表现侘寂的形象。

露地与围篱

"垣根"是围篱的日文名称，是限制或者包围的意思。可能在坪之内转为露地形态时，才开始将围篱当作围墙。

围篱的种类

围篱的种类比较多，且有各种各样的名称，有的以寺院命名，有的是以材料、形态命名。

四目篱是一种有穿透性的竹篱，将竹材编织成粗格子状，因其中的间隔为镂空的四方形而得名。

建仁寺篱是将竹材剖开一半后向纵向紧密排列，且在围篱的两侧架设数根竹材来固定。大德寺篱是将竹的细枝呈纵向排列然后束紧，表面再用竹材横向固定住。光悦寺篱的下方是用竹材编制的呈菱形的格栅，上缘将竹子裁成细枝条后，捆成一束、折弯成半月状的曲线。

还有不以寺院命名的桂篱，桂篱是将天然的竹材弯曲而成的。黑文字篱是使用材料来命名的，作为袖篱[49]使用。竹穗篱是将竹材的竹穗束在一起后，再用切割后的粗壮竹条加以固定的形式。网代篱是将竹材打压成片状，再编织成网状的形式，是以其形态来命名的。桧篱是利用桧木材料的薄板，再将其编之成网状的围篱。

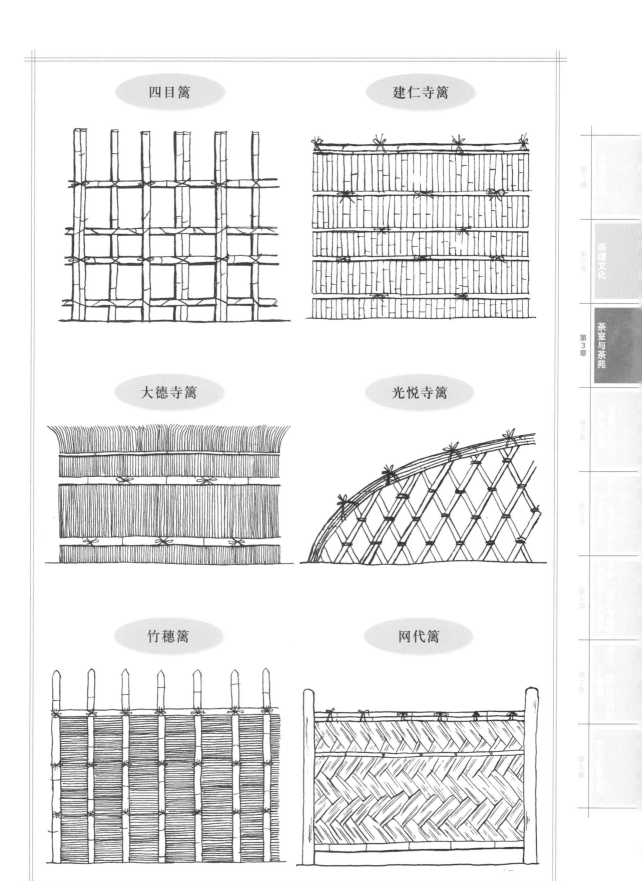

四目篱

建仁寺篱

大德寺篱

光悦寺篱

竹穗篱

网代篱

第1章

第2章　茶道文化

第3章　茶室与茶苑

第4章

第5章

第6章

第7章

第8章

035 石灯笼

> **Point** 在庭院中设置石灯笼的习惯，应该是从露地中使用石灯笼开始的。

石灯笼与露天

石灯笼，顾名思义是以石材为材料做成的灯笼，本是神社及寺庙外部的照明灯具。在日本安土桃山时代，人们开始在茶室外面的露地里设置石灯笼，从此形成了在庭院中设置石灯笼的习惯。在此之前，茶室外部以纸灯笼、手烛笼作为照明的灯具。据说，千利休在经过鸟边野时，看见了石灯笼的余火，觉得很有趣，便在露地内加入了石灯笼的设计。

将石灯笼摆设在蹲踞（见第74页）附近是普遍的做法，其他细节没有特别的规则约束。

石灯笼的结构

石灯笼按照自上而下的顺序，由宝珠（洋葱状）、请花（花形）、笠、火袋（点火处）、中台、竿、基础等几部分构成。

火袋长方形的开口，叫作"火口"。此外，火口还有日、月状的火窗，就是将火口做成圆形或者弦月形的开口。从实用性方面来讲，要将蹲踞等部分面向火口来放置。

石灯笼的种类

石灯笼有许多种类，有的以寺院、神社、形状来命名，有的因制作者而得名。以下为常见的例子。

春日型是常见的类型，有六角形的笠状石、长长的圆柱状竿，其火袋的位置比较高。

织部型，顾名思义是古田织部设计的石灯笼，竿的上半段刻有字母、下半段是地藏菩萨的阳刻像。这种石灯笼也被称为"基督徒灯笼"，因为地藏浮雕被认为是隐形基督徒所祀奉的神像，上边用了很多四角形，也被认为是模仿十字架的形象。

"雪见型"一词由日文的"浮见"引申而来，这类石灯笼较为低矮，笠状石部分比较宽大，下方有短矮的三根支柱。

琴柱型指的是只有两根支柱的类型，其代表作是金泽兼六园内的石灯笼，广为人知。

织部型灯笼（基督徒灯笼）

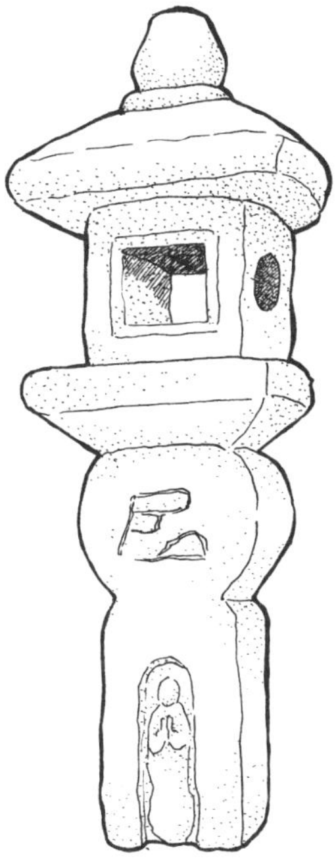

春日型灯笼

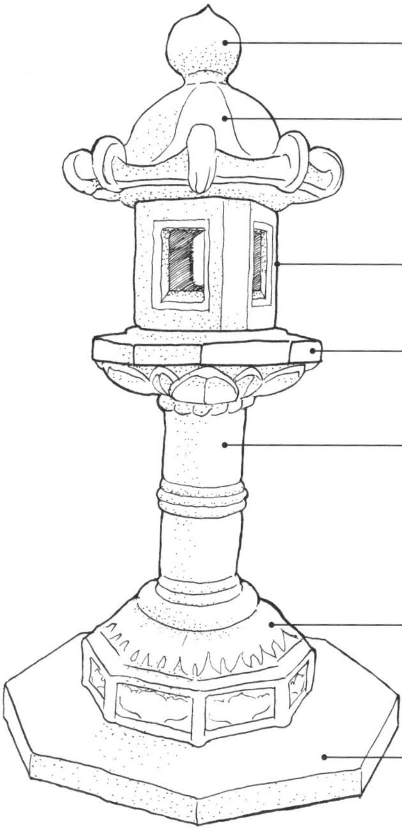

宝珠

笠

火袋

中台

竿

基础

基坛

琴柱型灯笼

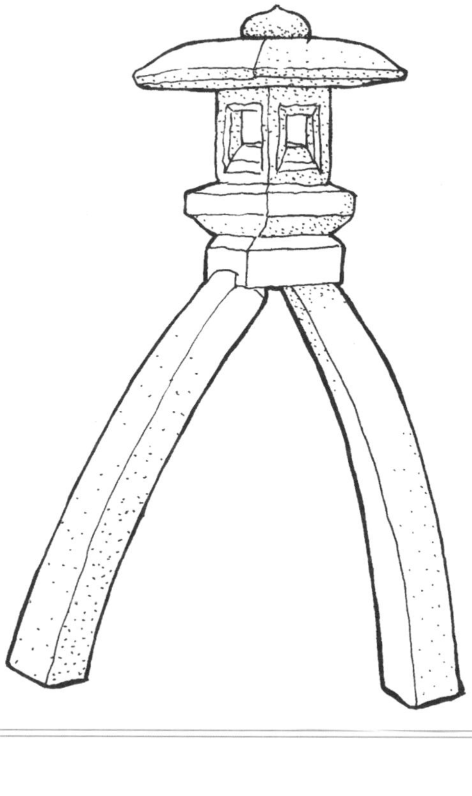

雪见型灯笼

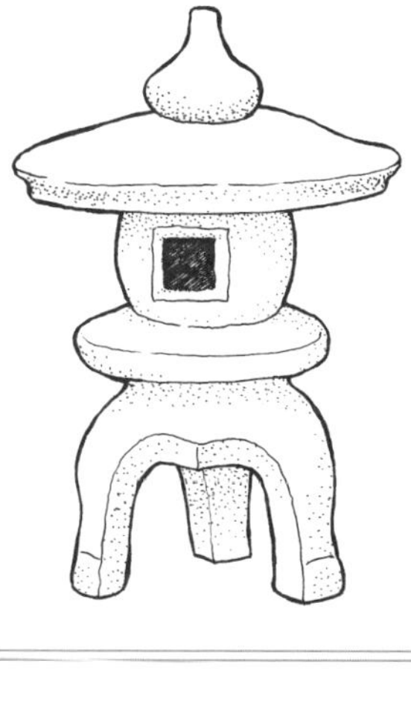

第1章

第2节　茶道文化

第3章　茶室与茶苑

第4章

第5章

第6章

第7章

第8章

短评③

可举办和无法举办茶会的房间

虽然标题是"可举办和无法举办茶会的房间",但是实际上无法举办茶会的房间是不存在的。因为茶道的形式原本就非常自由,只要能自由地享受其中的乐趣,就没有什么是不可以的。反过来讲,也不存在完美的茶会房间。这样说的话,这个标题显得有点奇怪,但是必须特别说明的是,虽然没有绝对的,但是确实存在不利于茶会进行的茶室。

什么不利于茶会进行的茶室呢?主要的问题在于主、客动线的安排,因为茶道其实是一种待客之道。客人从寄付通过露地进入茶室中,亭主在台所[50]准备怀石料理,在水屋准备茶点的前期工作,二者的动线如果交错,会使场面变得非常尴尬。在茶室内,亭主从茶道口到点前座,客人从入口的蹒口到客座,二者动线如果重叠,也将会使得情况变得复杂起来。

另外,如果在茶室中看见台所与水屋,会是一件扫兴的事情。但是,水屋本来就设在茶室的近处,所以也会出现怎样处理都无法回避的情况,这个时候,屏风就可以作为遮挡物来遮蔽视线。总的来说,最好不要让客人看到内部的准备的空间。

还有光线的问题。客人背对壁面坐着,亭主在开口处点茶时,因为向光的原因,客人只能看见主人的大体轮廓与影子,不能看清楚主人点茶时的样子,所以要避免这个问题。

最后,以前认为混凝土会损坏茶道具,但是近年,乐吉左卫门却使用混凝土为具有脆弱之美的乐烧打造出了茶室(见第236页),这就从被禁锢的思想中解放出来了。总的来说,一切都要以自己的思考为主。

第 **4** 章

茶室空间的
平面配置

036 关于茶室空间的布局

Point 茶室分为"广间"和"小间",这样的称呼既表达出空间的大小,也展现出空间的性格。

广间与小间

在茶室的历史上,茶室以"四叠半"为基准,四叠半大小的空间指的是四周边各有约3.3米宽的空间。慈照寺东求堂(1486年)中的同仁齐是为饮茶之用的空间,就是四叠半大小。到了15世纪后,四叠半空间更加流行了。武野绍鸥、千利休等茶人也喜欢建造这种大小的茶室。在原则上,比四叠半大小的茶室宽敞的称为"广间",比四叠半狭窄的称为"小间"或者"小座敷"。这样的话,四叠半大小的茶室空间归于哪一种呢?可以归类于两者中的任何一种,但是不会刻意归类。另外,还有一种大于四叠半,但是却被视作小间的茶室,比如比四叠半多出了3/4张榻榻米大小的"四叠半大目"茶室。

广间与小间的意义远比字面意思要复杂,既与空间的大小有关系,也用来表现空间的性格特点。总的来说,小间可以作为草庵,可以在此举办侘茶;广间可以作为书院,可以在这里举办书院茶这种比较高级的茶道。四叠半茶室既可以举办侘茶,也可以举办书院茶,可以根据情况来定。但是,这种区分的方法只是基本的原则,不是一成不变的,还有不少难以归类的茶室。

台子与书院茶

作为茶道具之一的台子(见第36页),在平面布局上的意义会因为广间或者小间而有所不同。使用台子点茶,且预先在茶室内摆放茶道具,是一种比较高贵的茶道形式,这种做法来源于日本室町时代装饰唐物的传统。因此,区分书院茶与侘茶的方式之一就是看茶室内能不能放置台子。另外还与榻榻米的大小及地炉的位置设置有关系。总之,书院茶在原则上是用一张完整的榻榻米,也就是丸叠,并使用四叠半切的方式来设置地炉。

台子庄的例子

下图中，左边器具从下到上依次为道安风炉、肩冲筒釜。中间器具，杓立里插着柄杓与火箸，前面是建水。在顶棚上的是枣。右边器具是水指，前方是茶入。

图释
杓立：杓架。
火箸：火钳。
建水：存放盛放清洗过的茶碗的容器。
水指：水瓶。

地炉与台子点茶

在四叠半切本胜手（见第 86 页）的地炉配置上使用台子点茶，点前座使用了丸叠（见第 84 页），可以摆放台子。

第1章　茶室的魅力
第2章　茶道文化
第3章　茶道与茶苑
第4章　茶室空间的平面配置
第5章　设计、施工与材料（室内篇）
第6章　设计、施工与材料（点前座·水屋篇）
第7章　设计、施工与材料（外观篇）
第8章　古今茶室名作

037 叠（榻榻米）

Point 茶室中的榻榻米（叠），有普通大小的丸叠，一半丸叠大的"半叠"，还有长约 3/4 丸叠大小的"大目叠"。

榻榻米起源

现代，提及座敷（和室），大多铺设有榻榻米。但是，从历史的角度来看，在房间里面铺设榻榻米的传统是从日本中世纪的室町时代才出现的。

日本平安时代，房间里面只铺设板材，上边放置的榻榻米只是作为座具来使用的。后来，才从部分到整个房间都铺满榻榻米，形成了今天座敷的形态。最初，座敷只出现在寺院及上级武士、贵族等的府邸。到了日本江户时代，普通家庭才开始铺设榻榻米。但是，在日本室町时代，茶室中就已经在整个房间铺满榻榻米了。

榻榻米的大小

榻榻米的大小会因为所在地区的不同而有差别，比如中京间、大津间、田舍间等。一般来说，茶室中使用的是京间。

京间叠的基本尺寸长约2.1米，宽约1.05米。一间完整的京间叠称为"丸叠"。一半大的是半叠。长度是丸叠3/4的是大目叠。大目叠又称为台目叠（见第128页），通常用来作为主人席的点前座，

尺寸小于客用榻榻米的大小，以此表现亭主的谦逊。这种做法舍弃了比较高雅的台子点茶的方式，转而采用了比较朴实的运点前，也就是把道具从水屋搬到茶室的方式。因此，大目叠的面积就仅能容纳亭主跪坐和摆放道具（摆放道具的地方称为"道具叠"）。

榻榻米的名称

因为榻榻米铺设在茶室内的位置不同，所以榻榻米的名称也有所不同。亭主点茶时的座位叫"点前叠"，客人的座席称为"客叠"，贵客坐的位置称为"贵人叠"。有地炉的榻榻米称为"炉叠"。亭主从茶道口进入茶室时，第一步就踩踏的称为"踏入叠"。

另外，使用风炉的季节是每年的五月到十月，十一月到次年四月是使用地炉的季节。随着季节的变更，茶室中的榻榻米也会被全部重新铺设。

点前叠的尺寸

大目叠中摆放道具的道具叠较为狭小。

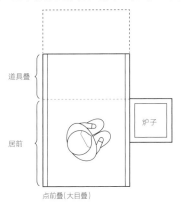

点前叠（大目叠）

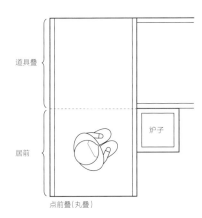

点前叠（丸叠）

榻榻米的尺寸

半叠

大目叠

丸叠

四叠半的榻榻米风炉的季节（1）

四叠半的榻榻米风炉的季节（2）

038 地炉的配置（1）

Point "八炉"指的是在茶室中八种点前座与地炉的位置关系，也由此产生了不同的点茶方式。

八炉

"八炉"这个称呼出现于日本江户时代的后期，指的是配置地炉的八种方式，表现出点前叠与地炉的位置关系，且对亭主的位置与点茶方式有影响。

地炉的配置方式分两种，即本胜手及逆胜手两种。本胜手指客人坐在亭主的右手边，逆胜手指客人坐在亭主的左手边。这两种配置方式分别有四种配置方式，共计八种。在茶道练习时，一般会使用本胜手的模式，所以大多数情况下，建造本胜手的茶室会多一些。

后文会介绍本胜手的四种地炉配置形式。逆胜手的配置中，炉的位置与本胜手相反。

本胜手中将地炉种类分成设置在点前座外的出炉和设置于点前座内的入炉两种。

四叠半切、大目切

四叠半切为出炉的一种，亭主座位前方的道具叠（见第178页）为半叠大小。这种做法通常使用在四叠半或者六叠、八叠等的广间茶室中。除此外，还有极少数用在三叠、四叠等的小座敷茶室中。

大目切是出炉的一种，亭主位置前面的道具叠只有1/4张榻榻米大。大目切的榻榻米多使用大目叠（见第84页），即使使用的是丸叠（见第84页），如果道具叠大小只占1/4，也是属于大目切中的一种，称为"上大目切"。

向切、隅炉

向切属于入炉的一种，是将地炉设置在点前座内、亭主右前方的模式；隅炉的入炉形式，是将地炉设置在点前座内、亭主的左前方。

本胜手的地炉配置

地炉的配置方式受到点前叠与地炉的相对位置的影响。出炉中，道具叠为半叠大小的称为"四叠半切"，道具叠占1/4大的称为"大目切"。另外，流派不同，炉叠的方向也有所不同。

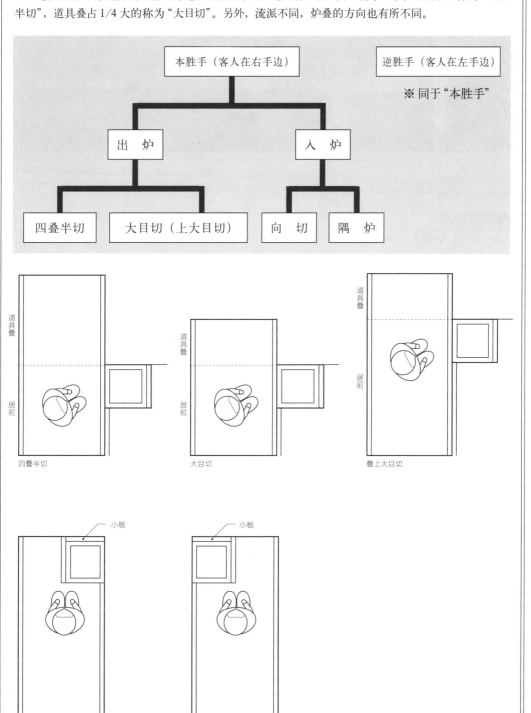

本胜手（客人在右手边）   逆胜手（客人在左手边）

※ 同于"本胜手"

出 炉   入 炉

四叠半切   大目切（上大目切）   向 切   隔 炉

道具叠 / 居前 — 四叠半切

道具叠 / 居前 — 大目切

道具叠 / 居前 — 叠上大目切

小板 — 向切

小板 — 隔炉

第1章 茶室的魅力
第2章 茶道文化
第3章 茶室与茶苑
第4章 茶室空间的平面配置
第5章 设计、施工与材料（室内篇）
第6章 设计、施工与材料（点前篇·水屋篇）
第7章 设计、施工与材料（外观篇）
第8章 古今茶室名作

039 地炉的配置（2）

Point 地炉的各种配置有不同的特征，需要深入地进行了解，并加以选择。

地炉配置的选择

前文中提到的八炉，本章将深入解说。首先希望读者了解：八炉并不是像刊载在目录上的商品那样可以自由地选择，每种配置形式都有不同的性格特征，因此了解这些差异很重要。

通常说，现在的茶室一般设置成本胜手，但是在拥有多间茶室的寺院、宅邸等茶苑内，也会以设置成逆胜手的形式来为空间增添特色。

出炉的选择

四叠半切的点前座部分，道具叠（见第178页）的面积有半叠大，因此可以使用台子点茶的形式。

相反，大目切就不能使用台子点茶，因为用台子点茶是比较高雅的茶道，这也就说明大目切是侘茶的形式。即使用丸叠做点前座，有时也会用大目切的配置来表达侘寂精神。另外，因为只有四叠半切的地炉能够使用台子，所以四叠半切成了广间茶室的主要形式。

入炉的选择

最小的茶室需要包含亭主与客人用到的榻榻米，也就是说将两张榻榻米组合而成，有两叠或一叠大目。在两张榻榻米的情况下，如果地炉用向切，那么客人由于太靠近地炉，会感到很窘困。所以使用板叠(见第96页)是可以让空间稍微宽松的。如果采用隅炉的话，虽然整体空间很狭窄，但客人前方会比较宽敞，可以从容使用。

另外，如果在平三叠（并排三张榻榻米）、平四叠的茶室中采用隅炉，会使亭主与客人之间的距离太远。

因此，地炉的配置会因为不同的想法而产生比较大的差异，也会因为茶室性质的不同，出现本文说明之外的其他情形。

三叠茶室中的地炉

在三叠茶室中，隔炉和向切的形式会使亭主与客人之间的距离过大，用大目切会较为适宜；另外，如果向切在二叠大目茶室中使用，又会使得距离过近，右下图的"→"记号是炭点前时的动线。

三叠茶室中的地炉

二叠茶室中用向切会显得拥挤，采用隔炉会比较宽敞。

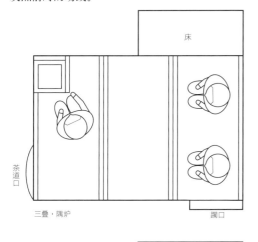

三叠·隔炉

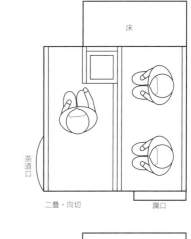

二叠·向切

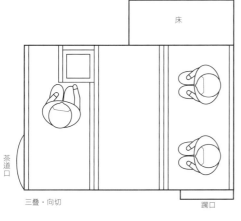

三叠·向切

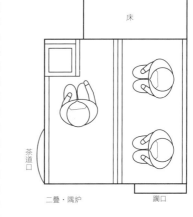

二叠·隔炉

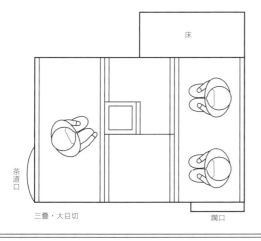

三叠·大目切

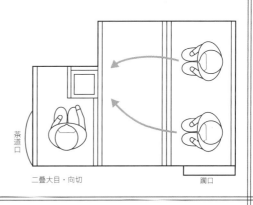

二叠大目·向切

第1章 茶室的魅力
第2章 茶道文化
第3章 茶屋与茶苑
第4章 茶室空间的平面配置
第5章 设计、施工与材料（室内篇）
第6章 设计、施工与材料（点前座·水屋篇）
第7章 设计、施工与材料（外观篇）
第8章 古今茶室名作

040 床之间的位置与名称

Point 床之间是由贵人以前坐的上段与装饰的空间结合为一体而来的，表现其在空间中的主位。

床之间的位置

茶室中的床之间龛，是根据所在的位置而命名的，并且茶室的风格也会受到床之间的影响。

据说，床之间是由过去贵人所坐的上段与装饰的空间合为一体而形成的。也就是说，床之间龛是表示空间的上位。从接待客人的角度出发，一般将床之间设置在客座附近。

上座床、下座床

客座附近设立的床之间，如果在亭主视线的前方，则称为"上座床"，如果设置在客座的附近，在亭主的视线以外，则称为"下座床"。

通常，在床之间前方的一般是贵人座(正客座)。因此，下座床的配置会产生极端的情况，让正客在亭主的视线外，这时会将正客位安排在地炉处。这种不管床之间的位置，而是只将靠近地炉的位置视作正客席的形式称为"炉付正客"。

亭主床、风炉先[51]床

另外，床之间作为室内的风景也很有意义。床之间设在亭主这一侧，即相对客人的胜手付[52]一侧，这种形式称为亭主床。从空间主次的角度看，床之间是表示上位的，点前座处于下位。把床之间设在亭主侧，平衡了空间的主次关系。此外，如果从客座那里看到亭主的点前座，亭主床就会成为室内的景观之一。

在点前座前设置风炉屏风的床之间，从客人角度看，会看到点前座与床之间并列，可以欣赏非常有意义的风景。

床之间与蹲口的关系

在茶事中，客人进入席位前应该在蹲口环视室内，这个时候，床之间是主要的视线点。因此，床之间设置在蹲口的正面位置，客人就很容易看到，这是茶室较为便利的使用条件。

床之间的位置

　　根据亭主的动线决定了上座床或下座床的位置,其在亭主的一侧,也就是与客人相反的方向,这样的床之间被称为"亭主床"。在点前座短边的前方,风炉屏风一侧的床之间的形式,称为"风炉先床"。

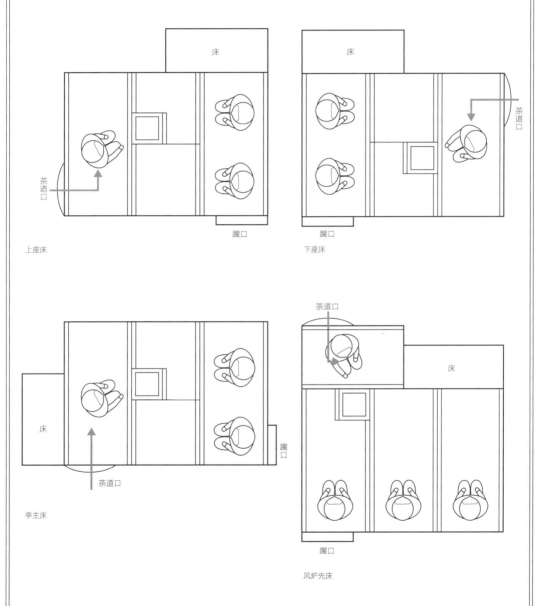

第1章 茶室的魅力

第2章 茶道文化

第3章 茶道与茶筑

第4章 茶室空间的平面配置

第5章 设计、施工与材料(室内篇)

第6章 设计、施工与材料(点前座·水屋篇)

第7章 设计、施工与材料(外观篇)

第8章 古今茶室名作

041 出入口的种类与动线 （1）躔口、贵人口

Point 躔口、贵人口的配置与茶室的性格有关。

茶用出入口

茶室为客人准备的进出口有躔口和贵人口。"躔口"一称是根据弯曲着、缩小身体方能进入的动作而来的。这是侘茶空间的基本要素。贵人口是为了招待身份高贵的人而设立的出入口，从这个意义来说，贵人口会设置在高雅的茶道空间，是广间茶室的基本元素。

躔口和贵人口如何设置呢，或者双方有同时存在的必要吗？这都是思考茶道空间性格时需要考虑的重要因素。

躔口、贵人口的做法

人们认为小座敷的茶室，只设置躔口就好，不需要设置贵人口。这样迎合了追求侘寂的思想。

另一方面，在小座敷茶室中也有同时设置躔口与贵人口的情况。茶室也被认为是多用途的空间，可以作为开放的空间使用。贵人口除了用于迎接客人外，也可以使室内空间更加明亮。特别是在明治时期以后，茶室的空间非常昏暗而且很不卫生，因此受到一些批评，为了使室内更加明亮，出现了设置贵人口的情况。

另外，还出现了小座敷的茶室只设置贵人口的情况。因为后来人们讨厌过于寂静的场合，房间除了用作茶室外，还可以作其他用途。

躔口、贵人口的动线

躔口设置在床之间的正面比较方便使用（见第90页），在客人入席后对视线及动线的考虑下，另外考虑客人从露地进入室内的动线，多将贵人口设置在躔口的邻近处。在斟酌门户开合的需要下，多半会将贵人口与躔口呈直角设置。

贵人口与蹦口的位置

　　将蹦口设置在床之间的正对面，是最理想的。

　　接下来，贵人口的位置，可以从蹦口的排列方法考虑，可以与蹦口并列，也可以设置在垂直蹦口的墙面上。贵人口宽 1.5 米左右；蹦口宽 0.7 米左右，加上门户开合的空间共计 1.4 米左右。如果再加上门框侧壁板的宽度，大约是 3 米，就是说墙壁宽度如果有一间[53] 半（3.6 米）以上，就可以让蹦口与贵人口并列设置。

　　但是，这样的话贵人口与茶道口距离太近，从使用的方便性上来考虑，将两者以直角搭配最为常见，如下图所示。近年来，贵人口外侧多设置雨户。在这种情况下，户袋的设置就很有必要了。

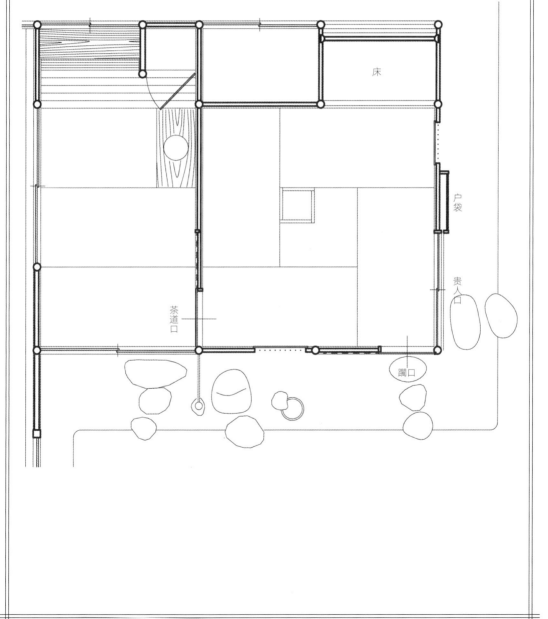

床

户袋

贵人口

茶道口

蹦口

第1章　茶室的魅力

第2章　茶道文化

第3章　茶室与茶苑

第4章　茶室空间的平面配置

第5章　设计、施工与材料（室内篇）

第6章　设计、施工与材料（点前座、水屋篇）

第7章　设计、施工与材料（外观篇）

第8章　古今茶室名作

042

出入口的种类与动线
（2）茶道口、给仕口

Point 亭主的出入口以茶道口为主。但是，在茶道会上，不太方便勤杂时，就要另外设置给仕口。

亭主用出入口

在茶室中，亭主的进出口就是茶道口，有时也会设置给仕口。

所谓"给仕口"，是在用怀石料理与点心招待客人的时候，从茶道口的动线进出有困难，而另外加设的出入口。

关于茶道口、给仕口的见解

侘茶的思想是去除无用的东西。从这种思想来考虑，只有在不得已的时候，才另外设置给仕口。

但是从另一方面来讲，为了增加设计的有趣性，或使茶室的用途多样化，也会在茶道口之外设置给仕口。但是也会因为茶室的个性不同而在做法上有所差异。

茶道口、给仕口的动线

茶道口是亭主去往点前座的入口。这个时候亭主的动线基本是直线，或者在入室后转90°的直角再朝点前座前进。沿直线前进后再拐弯或者多次拐弯的动线都不理想。也有例外，就是同点前的动线，即亭主在点前座旋转180°。一般来说，从水屋到点前座的动线会安排茶道口的位置。

其次，给仕口是在什么情况下设置的呢？基本上来说，如果亭主的动线经过点前座前方的道具叠（见第178页）及地炉与旁边的茶碗、道具等地方，就有必要设置给仕口。

给仕口经常与茶道口相邻，但是也有分开设置的情况。

给仕口设置的范例

图 a、c、d 是大目切的点前座形式（见第 180 页）。

在大目切的情况下，地炉旁边会设置中柱及袖壁，相反一边只有狭窄的空间（宽度约 58 厘米），当地炉上挂着茶釜烧水时，通行就比较困难了（为了放置茶碗与道具，通道需要保持干净），在这种情况下，就可以设置给仕口。图 b 是茶道口与给仕口共同使用的例子。

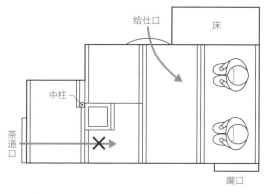

a. 平三叠大目・大目切・上座床

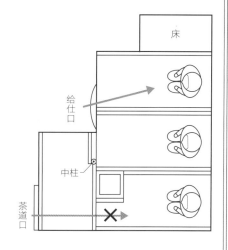

d. 深三叠大目・大目切・上座床

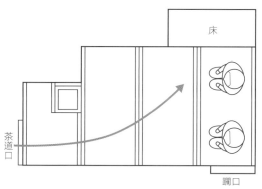

b. 平三叠大目・向切・上座床

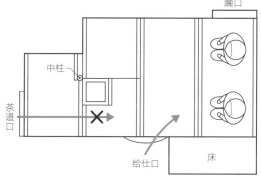

c. 平三叠大目・大目切・下座床

第1章 茶室的魅力
第2章 茶道文化
第3章 茶道与茶施
第4章 茶室空间的平面配置
第5章 设计、施工与材料（室内篇）
第6章 设计、施工与材料（点前座"水屋篇"）
第7章 设计、施工与材料（外观篇）
第8章 古今茶室名作

043 板叠

Point 茶室是以榻榻米的大小为基准，打造出的一个极狭窄的空间。要是想调整大小，使用板叠是非常好的办法。

板叠是什么

在茶室中，亭主的进出口就是茶道口，有时也会设置给仕口。

茶室中铺设的板叠，是一种被当作榻榻米来使用的板材。通常丸叠、大目叠或者半叠被用于茶室的地面，但因为某种原因，会铺上板叠，这是为了便于空间的使用，或者为了调整房间的大小及平面的形状等。

茶室是在极狭窄的区域内建造的空间，所以如果想稍微使之变化一些，使用板叠是很有效的方法。

板叠的种类

前板和胁板分别设置在床之间前面和旁边的板叠上，从而让床之间周边的餐食供应者的动线更加顺畅。此外，如果用在大目床的周边，还有整理平面空间布局的功能。

鳞板是织田有乐做的茶室如庵采用的三角形板叠，是为了让餐食供应者动线顺畅，也是为从茶道口到客人座的动线而设置的。另一方面，斜墙壁也表现出设计的趣味性。

向板是在一叠大目茶室中，铺在大目叠之前的板叠与榻榻米共同拼成一张丸叠，对平面的形状有调整功能。点前座大目叠的使用，是为了表现出亭主谦虚的意义。如果没有设置床之间，也会利用盆花作为装饰。

中板是在亭主与客人间铺设的板叠，宽度约为0.5米，与炉的宽度一样。在亭主与客人之间设有地炉时，就会使用中板来调整中间的距离。广义上来说，下文说的半板也属于中板的一种。

半板比中板窄，一般用来做微妙的距离调整。通常，在出炉（四叠半切、大目切）的情况中使用中板，在入炉（向切、隔切）的情况下使用半板。

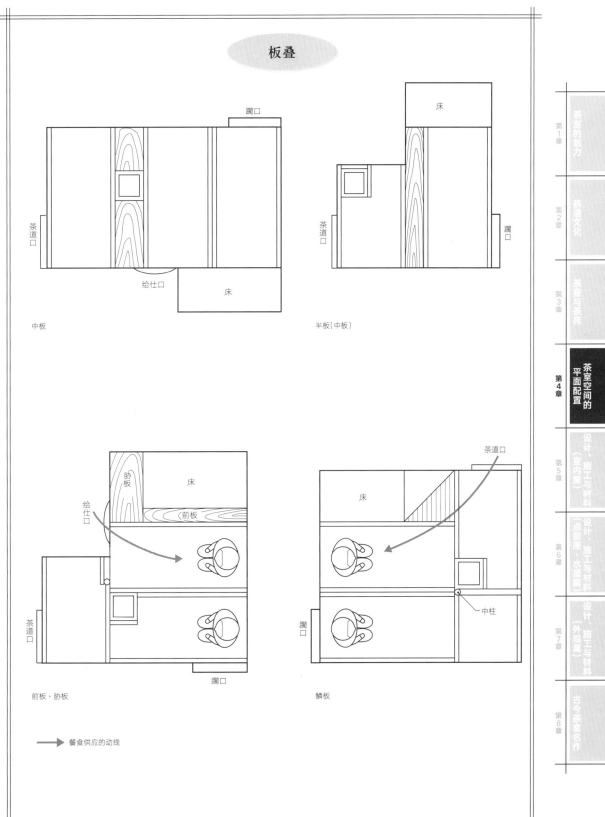

板叠

躝口

床

茶道口

躝口

给仕口

床

中板

半板（中板）

茶道口

胁板

床

给仕口

前板

茶道口

床

中柱

躝口

茶道口

躝口

前板·胁板

鳞板

→ 餐食供应的动线

第1章　茶室的魅力

第2章　茶道文化

第3章　茶道与茶席

第4章　茶室空间的平面配置

第5章　设计、施工与材料（室内篇）

第6章　设计、施工与材料（点前座·水屋篇）

第7章　设计、施工与材料（外观篇）

第8章　古今茶道名作

044 水屋和台所的位置

Point 水屋靠近茶室，在使用上会比较方便，但要考虑所在位置及声音是否会对客人有干扰。

水屋与台所

房间的水屋（见第188页）是亭主准备茶事的地方，里面有水槽、放茶道具的架子及储藏柜等。

台所（见第192页）是主人为客人准备怀石料理的必要场地。一般家庭的厨房和台所大致一样，所以很多时候会使用一般家庭的厨房兼作茶事的台所。

水屋的位置

房间的水屋一般多在茶室的旁边设置，这会方便亭主进入水屋准备和端上怀石料理。另一方面，茶道需要准备的道具多，且这些道具容易坏，因此要减少搬运的距离。但是，如果因为其他情况无法让水屋邻近茶室，则可以在茶室附近另设置临时置物架，暂时放置器物。

当水屋邻近茶室时，不要将水槽设置在靠近茶室的墙面处，因为这样的设置形式会让水流的声响干扰茶室内的活动。

另外，客座对着茶道口和给仕口时，不能让客人看见水槽。如果无法避免，可以利用屏风等物来遮挡。

台所的位置

从前的台所设置的地点一般离茶室很远，特别是那些不是特意为茶事所设置的厨房，如寺院内的厨房，也用来做日常的餐食。

当电子锅与电炉等比较节省空间的器具被使用后，把台所设置在茶室附近的情况也随之多了起来。这时与水屋的设置相同，要考虑茶室内客人会不会直接看到，还要注意传入茶室的声音、光线等不要对客人造成干扰。

茶室、水屋、台所的位置关系

水屋紧邻着茶室，旁边是台所，这是最理想的配置，但是要考虑客人的视线。

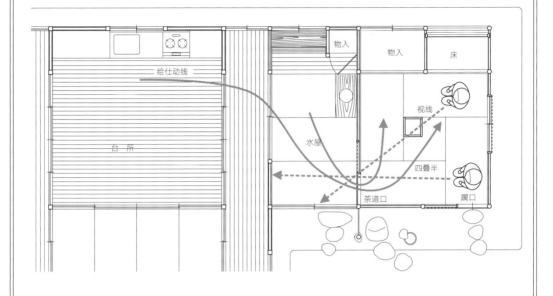

里千家又隐的临时置物架

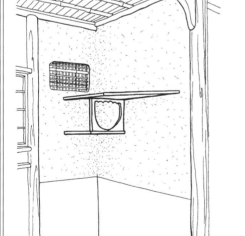

二重棚（焙烙）的形式

妙喜庵待庵厨房的临时置物架

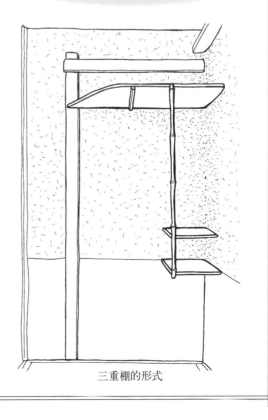

三重棚的形式

第1章 茶席的魅力
第2章 茶道文化
第3章 茶席与茶苑
第4章 茶室空间的平面配置
第5章 设计、施工与材料（室内篇）
第6章 设计、施工与材料（点前座、水屋篇）
第7章 设计、施工与材料（外观篇）
第8章 古今茶室名作

045 茶室的平面配置（1）

Point 躙口打开后，外部的光线就会进来，与躙口上方的窗户一起照亮床之间。

茶室的平面布置

茶室的房间布局需要思考的要素有榻榻米的铺设、床之间、点前座、出入口、窗户的配置方式，再加上交通动线、光线的方向等，这些要素各个部分相互影响。关于这些要素的说明详见之前的章节，本节介绍各部分的相互关系。

床之间与光线的方向

过去，床之间是贵人就座的席位，是空间中尊贵的位置。另外，参加茶事的客人在入席前，进入躙口后环视茶室内部时，首先看到的地方就是床之间。

躙口和床之间的位置关系如前面叙述的（见第90页），以正对最理想，如果两者错开的角度太大，客人的视线就不能直接看到床之间。另一方面，当躙口打开后，外部的光线间接照射进来，如果躙口与床之间正对着，光线照射到床之间时所创造的情境也是最佳的。此外，在躙口的上部设置连子窗，光线透过窗户也能增强室内的光线。

反过来说，如果大量光线从床之间照向躙口，对从躙口进来的客人来说，床之间的光线就是逆光的形式，一片黑。在这样的情况下，在床之间的侧面设置墨迹窗是一个好办法，可以缓冲逆光。如果床之间与躙口并列，就会使床之间过于昏暗，不容易看清楚，客人也不好确定自己的位置。

在这里还要注意的是，上边提到的茶室内十分阴暗的情形是在白天。而草庵茶室空间封闭性较强，还需在茶会举办的前半段的初座时在窗上挂设帘子。另外也有很多窗口、比较明亮的茶室空间，所以要根据情况调配床之间的位置。

茶室的平面布置范例（1）

右图是比较罕见的配置形式，如果躙口上方没有窗户，而在床之间旁边设置大窗户时，会让床之间处看上去是一团阴影而难以欣赏。

通常，躙口上部会设置连子窗（偶尔也会有下地窗的情况）。在这种情况下，躙口就会有更多的光线射入。床之间如果设置在躙口的对面，光线就会照亮床之间，使客人能更好地欣赏。

右图也是比较罕见的配置形式，躙口与床之间并排设置，客人从躙口看向室内时，无法看到床之间，空间也不方便使用。

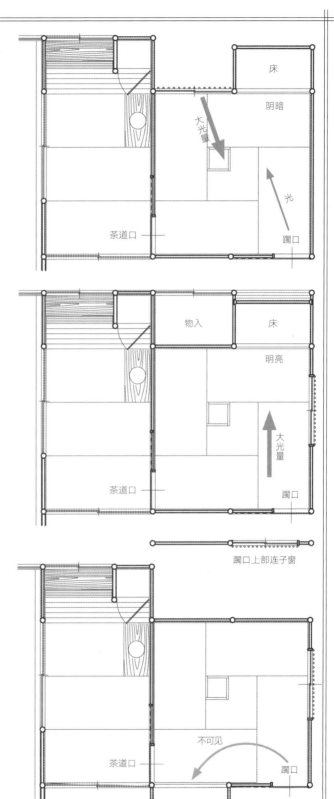

茶室的平面配置（2）

Point 在茶室中，光线的平衡是很重要的。在空间中必须保证点前座是被照亮区域。

以点前座为中心

点前座是亭主进行点茶时就座的场所。正如前面章节说明的，点前座与茶道口的位置关系基本上是固定的。

点前座和客人座在茶室中是两个相对的区域。从侘茶的原理来看，为了减少不必要的空间，客人座的后方与侧面等处不留多余的空间。这样就使得亭主与客人间的距离设定变得非常重要，宽度可以依据各家的见解来决定。

蹲口通常会设置在客人座的旁边，如果蹲口设置在点前座的旁边就会使交通动线过于复杂，所以不会有这样的配置方式。总之，蹲口多设置在远离茶道口的地方。

如果将床之间的位置考虑进来，床之间与茶道口、蹲口就形成了三角形的组合，若能形成正三角形则是最为理想的配置方式。

光与窗

床之间和光线的问题前面已有叙述（见第100页），另外，点前座与客人座之间的光线关系也要加以关注。

一般来说，点茶座的光线较为明亮是比较理想的，这样客人就能够看清楚亭主点茶时的样子。因此，就需要将客人座侧的光（间接光）导入以照亮点前座。相反，如果从点前座引入大量的光，尤其是与客人相反的方向（胜手付）时，主人点茶的样子会看不清楚，这样的设计是不合理的。

把点前座作为舞台来设计是最好的，将光源汇集在点前座。在这种情况下，为了避免客人座被照得过亮，可以在亭主的左侧设置色纸窗，来使光线平衡。也可以仿照古田织部的做法，利用天窗照亮点前座，或是利用织田有乐的方式，在点前座旁边的窗户上设置有乐窗，这样也能有效地控制照入室内的光线。

茶室的平面布置范例（2）

茶室中的床之间、茶道口、躏口三者形成正三角形是最理想的配置形式。

但是，如右下图的如庵那样，配置上并不是三角形，也可以作为参考。

光线在茶室内部，原则上以客人坐处照向点前座为主，反之，客人就看不清楚主人点茶的样子。另外，在这里所说的光线不是指直射光，而是间接光。

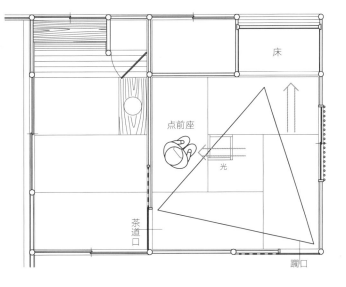

床

点前座

光

茶道口

躏口

如图所示，也有很多在点前座一侧（胜手付）（见图右边）设置窗户的茶室。

这种情况下，使点前座变得比较明亮的方法有以下 3 种：
(1)在客座附近设置更多的窗户。
(2)点前座的上方设置突上窗(天窗)。
(3) 设置有乐窗。

右边的图是上述(3)的例子，即织田有乐做的如庵，在点前座的外侧设置细竹排列的有乐窗，以抑制光线。

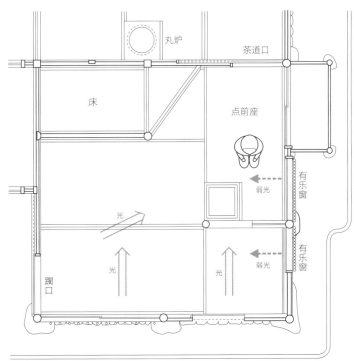

丸炉

茶道口

床

点前座

有乐窗

弱光

光

光

有乐窗

弱光

光

躏口

第1章 茶室的魅力
第2章 茶道文化
第3章 茶室与茶苑
第4章 茶室空间的平面配置
第5章 设计、施工与材料（室内篇）
第6章 设计、施工与材料（点前座、水屋篇）
第7章 设计、施工与材料（外观篇）
第8章 古今茶室名作

047 茶室的平面配置（3）

Point 茶室的配置，可以从亭主的领域和客人的领域来考虑

亭主的领域、客人的领域

在建立建筑规划的时候，以分区规划来思考是很重要的。就是把类似用途的房间归结起来，再统筹计划。同样，在考虑茶室或者茶苑的时候，也可以先思考区划再制订计划。

其实要整理的东西就是亭主的领域与客人的领域。

亭主的领域，包括点茶的点前座、水屋、台所及内玄关等。茶道口和给仕口等要素也作为亭主的领域考虑。客人的领域，包括客座、露地（茶庭）、寄付、玄关、门等，躙口和贵人口也属于客人的领域。床之间的划分则因为情况的不同而不同，与通常的建筑计划不一样的是，茶室这个空间需要将一个内部空间划分为两大领域来思考。

稍微脱离一下正题，表千家的不审庵（见第226页）是三叠大目的茶室，点前座的前面设有袖壁和下壁[54]，以方便与客座相分隔。相反，茶道口以简易的推拉门为主，门上方是镂空的，使点前座与邻近的水屋连成一片。虽然茶室与水屋是单独的房间，但在日本建筑中，西洋式的隔间划分不能作为参考。不审庵的点前座是茶室的一部分，也是水屋的一部分，是功德比较模糊的空间类型。

那么，把茶室内部分成两个领域来思考平面方案时，首先需要把地基分成两个。在既有的建筑物内设置茶室也是如此。在现有的建筑物中建造茶室，无论如何也无法避免亭主的空间与客人的空间重叠或交叉的情况，那只能根据实际情况去调整。

另外，从亭主的领域连接客人领域的动线，除了要考虑室内的联系，还要考虑从水屋到露地，或是从水屋到寄付、玄关的动线。

亭主的领域、客人的领域

在茶室设计中，需要把亭主的领域和客人的领域分开考虑。严格地区分是困难的，不过，可以大致地区分一下。下图没有明确标示，但是能看出来亭主作为主人去迎接客人的动线，主人从茶室躏口经过蹲踞再到中门迎接客人。

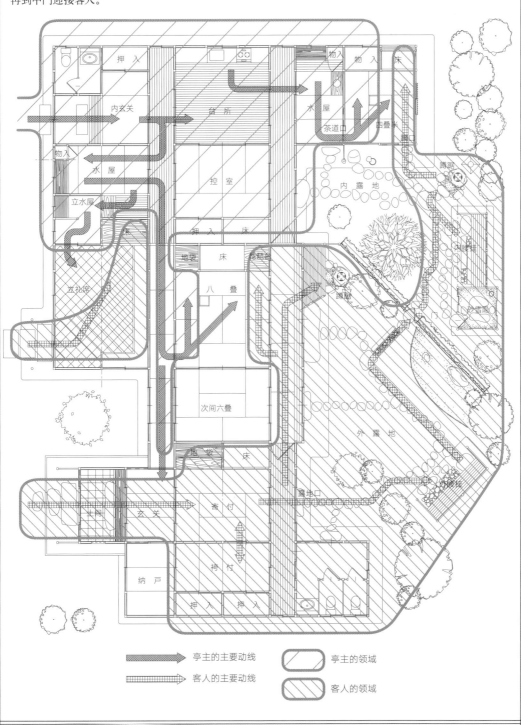

第1章 茶室的魅力
第2章 茶道文化
第3章 茶室与茶苑
第4章 茶室空间的平面配置
第5章 设计、施工与材料（室内篇）
第6章 设计、施工与材料（点前座·水屋篇）
第7章 设计、施工与材料（外观篇）
第8章 古今茶道名作

048 著名茶室的平面配置
（1）四叠半、四叠半大目

Point 四叠半的座敷是茶室的基本平面配置形式。有着侘茶的性格，也具有书院茶的特征。

四叠半

四叠半座敷的代表作是里千家的又隐（见第224页）。地炉采用四叠半切、本胜手的配置，床之间是上座床。又隐的仿作遍及日本全国，是广为人知的茶室形式之一。

又隐这种茶室从茶道口到点前座需要转弯，亭主需要经过踏叠进入点前座。客人的出入口是躏口，其上部设有下地窗。床之间在躏口正面的位置，这样的配置使茶室在使用上非常便利。窗户在躏口及客座侧的墙面上，另外在躏口附近的顶棚上还设置了突上窗。又隐是窗户面积很小的茶室，空间比较昏暗。但突上窗使大面积的光线照射进来，使茶室内部明亮起来。而点前座与床之间附近没有设置窗户，光线会直接照射在点前座与床之间上，是很理想的配置方式。

四叠半、下坐床的昨梦轩位于大德寺黄梅院。昨梦轩位于客殿的一隅，上座和客人座一侧共有四张障子门，床之间旁边有腰高障子[55]。

当只当作茶室使用时，昨梦轩的床之间显得比较昏暗，因此设置了墨迹窗，使光线变得缓和起来。此外，当邻近上座方的八张榻榻米作为客座使用时，四叠半的空间将会变成舞台，与床之间一同形成衬托亭主的空间。

四叠半大目

大德寺龙光院密庵席是四叠半、大目构（见第180页）的茶室，里面有两个床之间和违棚，柱子使用角柱，墙面以长押[56]环绕，基本上体现出书院的面貌。密庵席的点前座是大目构的形式，所以不能举办需要使用台子的、比较高雅的茶会。

四叠半大目构茶室基本上用于书院，如果用于草庵风格的茶室，会使用带有树皮的面皮柱、土墙等为基调装饰室内。

又隐

又隐采用四叠半、四叠半切本胜手、上座床的形式。下座侧设置突上窗，使光线照亮点前座及床之间。

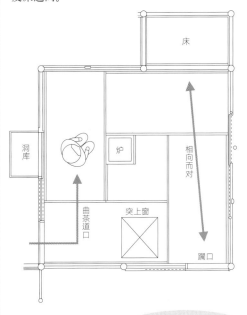

黄梅院昨梦轩

昨梦轩采用四叠半、四叠半切本胜手、下座床的形式，位于日本江户时代初期就有的书院内。当在邻近的房间看向茶室时，四叠半的茶室变得像舞台一般。

从这里算起的八张榻榻米作为客席时，四叠半茶室就变得像舞台一样。

龙光院密庵席

龙光院密庵席采用四叠半大目、大目切、本胜手的配置，这是小堀远州喜欢的形式，目前被指定为国宝。主宾的周边具备床之间与违棚。当客人的目光看向点前座时，大目构（见第180页）形式的点前座与书院床一同构成了一幅美景。

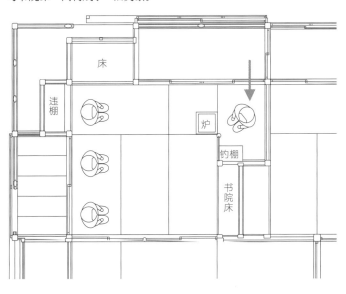

第1章 茶室的魅力
第2章 茶道文化
第3章 茶室与茶苑
第4章 茶室空间的平面配置
第5章 设计、施工与材料（室内篇）
第6章 设计、施工与材料（点前座、水屋篇）
第7章 设计、施工与材料（外观篇）
第8章 古今茶室名作

四叠

大德寺聚光院枡床席是由四张榻榻米加上板叠大小的枡床组成的茶室，整体空间是四叠半。地炉的配置是切本胜手的形式。枡床位在点前座的风炉前面。床之间前面的贵人座上部采用层次比较低、骨架外露的顶棚，这样平衡了空间的主次关系。另外，点前座和床之间的墙壁下部镂空，所以这样就方便贵人席位看清楚点茶的程序。

西行庵和如庵一样是四张榻榻米的四叠茶室。点前座是向切的形式，点前座与客人座之间有一个墙面开设了火灯口，这种形式被称为"宗贞围"（见第59页）。床之间是下坐床，内墙面设置了圆窗，这种形式被称为"室床"。床之间旁边设有双向拉门的给仕口，对面也是双向拉门的贵人口，蹋口与贵人口并列。这种将蹋口与贵人口并排的设置形式非常少见，是这种横长形的平面特有的配置形式。

三叠大目

金地院八窗席是深三叠大目、大目切本胜手、风炉先窗（风炉前方墙面上的窗户）的茶室配置形式。相对于点前座来说，榻榻米的纵向较长所构成的形式是深三叠大目。小堀远州做了八窗席茶室，将蹋口设置于客座的中间，使贵人席与相伴席相区别。另外，八窗席采用了大目构的形式，所以必须设置给仕口，且将给仕口放在离茶道口比较远的地方。

曼殊院八窗席是平三叠大目、大目切本胜手、下坐床的茶室形式。蹋口与床之间正面相对，上部有连子窗，旁边是连子窗与格子状的下地窗。茶道口与给仕口处于同一壁面，两道门户之间有容纳门户开启的空间。点前座前面的墙面上有风炉先窗，点前座一旁有色纸窗，顶部有突上窗。整体来说，八窗席有很多窗户，以便让空间更明亮。

西行庵皆如庵

日本安土桃山时代，宇喜多秀家的女儿嫁入久我大纳言家，据说带以西行庵皆如庵作为礼物带到夫家。日本明治时代，被移筑到了今天的京都，是四叠、向切本胜手、下坐床的形式。

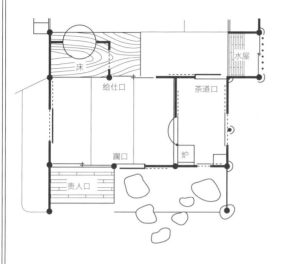

聚光院枡床席

1810 年左右，表千家六世的觉觉斋设计了聚光院枡床席，是四叠、向切本胜手、风炉先窗的形式。

曼殊院八窗席

1656 年，良尚法亲王的时候，曼殊院移筑到了现在的京都。曼殊院八窗席是平三叠大目（相对于点前座，榻榻米为横长形）、大目切本胜手、下坐床的形式。

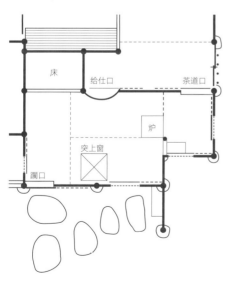

金地院八窗席

金地院八窗席是小堀远州在 1628 年左右设计出来的，以既存的茶室为基础建造而成，是深三叠大目（相对于点前座，榻榻米为纵长形）、大目切本胜手、风炉先窗的形式。

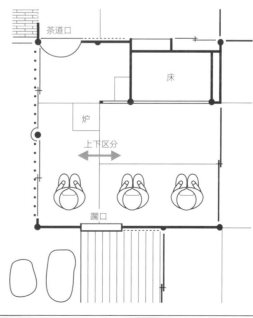

第1章 茶室的魅力
第2章 茶道文化
第3章 茶室与茶苑
第4章 茶室空间的平面配置
第5章 设计、施工与材料（室内篇）
第6章 设计、施工与材料（点前座·水屋篇）
第7章 设计、施工与材料（外观篇）
第8章 古今茶道名作

著名茶室的平面配置（3）三叠、三叠大目

Point 茶室的空间小的话，就需要注意给仕口的设计。

三叠

西翁院内的淀看席是三叠、向切、下坐床的茶室。蹰口在床之间的对面，上部设有连子窗。茶室内部墙面多因而显得比较昏暗，但是床之间旁边有墨迹窗（见第166页），加上从蹰口照射进来的光线，确保了室内有一定的亮度。点前座用宗贞围（见第59页）的形式，来表现亭主的谦虚。单斜而且可以看见骨架，总屋根里天井[57]，样貌非常质朴。

三叠、上大目切、下坐床是大德寺玉林院内蓑庵的配置形式。点前座和客人座之间加入了中板，将宾主之间的距离稍微扩大。蹰口在床之间的正面位置，上方设有下地窗，另一面墙上有连子窗，加上从突上窗进来的光线，会一同将床之间照亮。这个茶室可以从茶道口供应餐食，不过距离有点远，所以在床之间旁边设置了给仕口。

二叠大目

建仁寺东阳坊是二叠大目、大目切、下坐床的茶室。这个茶室的特别之处在于茶道口与给仕口共同使用可以双向推拉的两片障子门。这个形式适合二叠大目、下坐床的茶室，因为这类茶室没有足够的墙面，无法设置独立的茶道口与给仕口，所以只能采取这种形式的设计。另外，茶道口与给仕口的外面通常铺设大目叠，在水屋的邻接处设置门扉加以区隔，这都是为了不让客人看见准备空间而采用的有效手段。

慈光院高林庵是二叠大目、亭主床、二叠相伴席的茶室。相伴席邻近给仕口，地炉是大目切本胜手，点前座采用大目构。窗户在客人座一侧集中，都是连子窗。亭主座一侧设有下地窗形式的风炉先窗。客座侧的光线进入室内，会直接照射在点前座与亭主床上。

玉林院蓑庵

鸿池了瑛在 1742 年制作的玉林院蓑庵,是在表千家七代如心斋的指导下建成的茶室,是三叠、大目切本胜手、下坐床的形式。

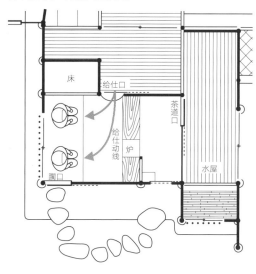

西翁院淀看席

1685-1686 年,藤村庸轩建造了西翁院淀看席,采用三叠、向切本胜手、下坐床的形式。

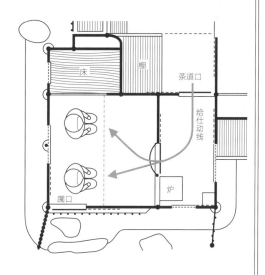

慈光院高林庵

1671 年,片桐石州建造了慈光院高林庵,是二叠大目、大目切本胜手、亭主床的形式。这样的配置能使茶室内的主要构成元素全部进入客人的视野中。

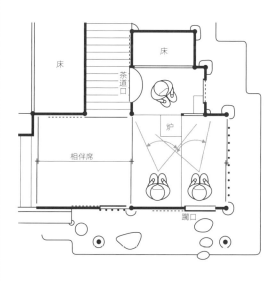

建仁寺东阳坊

建仁寺东阳坊原来位于北野的高林寺中,经过好几次移筑后,于大正年间移到目前的所在地京都,是二叠大目、大目切、本胜手、下坐床的形式。

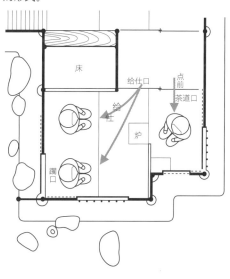

第1章 茶席的魅力

第2章 茶道文化

第3章 茶席与茶苑

第4章 茶室空间的平面配置

第5章 设计、施工与材料（室内篇）

第6章 设计、施工与材料（点前座·水屋篇）

第7章 设计、施工与材料（外观篇）

第8章 古今茶室名作

著名茶室的平面配置
（4）二叠、一叠大目

051

> **Point** 一张客人用的榻榻米与一张亭主用的榻榻米，
> 是最小的茶室构成。

二叠

妙喜庵的待庵（见第210页）是非常知名的二叠茶室，是隔炉本胜手、上座床的形式。采用隔炉时，亭主点茶的座位在客人的稍远处，正是因为在这样极小的空间中，这样的做法才有意义。特别是上坐床，在正客前方留出宽裕的空间，另外茶釜的水蒸气不至于在室内散不出去。躏口设在床之间的对面，窗户只设置在躏口及客座紧靠的两面墙上，各自发挥了照亮床之间和点前座的功能。

在茶道中，一叠大目是规模最小的茶室，在空间上至少要有亭主及客人使用的地方。亭主所坐的点前座，至少需要考虑大目叠的大小，而客人的席位，如果只有一个客人，半叠就足够了，但是这不符合待客之道。也可以比照点前座使用大目叠作为客席，但是为了能表现待客的心情，必须有一张完整的榻榻米。因此，一叠大目是最小的茶室空间。

高台寺遗芳庵是一叠大目的茶室，是向切逆胜手的形式，铺设了向板，壁床的床之间设置于向板的前面。客人座一侧设置了被称为"吉野窗"的大圆窗户，使光线照向点前座。另外，因为壁床在向板前面，所以两者可以视作床之间的空间。

有泽山庄菅田庵是隔炉、本胜手、上座床、铺设中板（见第96页）的茶室，躏口上面有大面积的连子窗，使光线照向床之间与点前座。另外，因为点前座与客座间有中板，这样客座前面就有了富余的空间，茶事就能够更加顺畅地进行了。

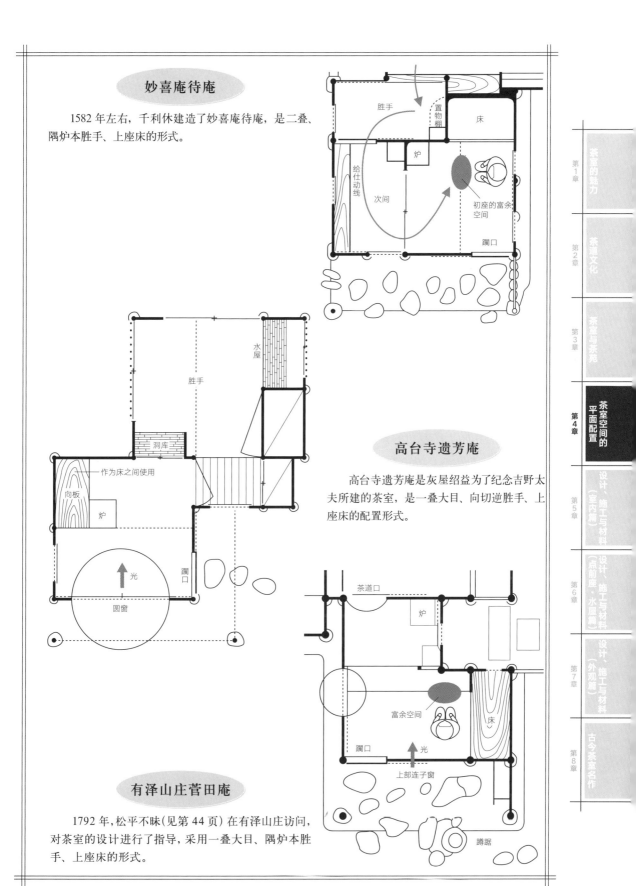

妙喜庵待庵

1582 年左右，千利休建造了妙喜庵待庵，是二叠、隔炉本胜手、上座床的形式。

胜手

置物棚

床

炉

给仕动线

次间

初座的富余空间

蹲口

高台寺遗芳庵

高台寺遗芳庵是灰屋绍益为了纪念吉野太夫所建的茶室，是一叠大目、向切逆胜手、上座床的配置形式。

水屋

胜手

洞库

作为床之间使用

向板

炉

光

圆窗

蹲口

茶道口

炉

富余空间

床

蹲口

光

上部连子窗

蹲踞

有泽山庄菅田庵

1792 年，松平不昧（见第 44 页）在有泽山庄访问，对茶室的设计进行了指导，采用一叠大目、隔炉本胜手、上座床的形式。

第1章 茶意的魅力

第2章 茶道文化

第3章 茶室与茶苑

第4章 茶室空间的平面配置

第5章 设计、施工与材料（室内篇）

第6章 设计、施工与材料（点前座·水屋篇）

第7章 设计、施工与材料（外观篇）

第8章 古今茶席名作

052 广间的谱系

Point 现在的广间是在日本江户时代中期诞生的，其形式是在大座敷与书院的基础上形成的。

大座敷

16世纪初期，书院造建筑中宽敞的房间叫作"大座敷"。内部有押板、付书院（凸窗）、违棚的装饰座敷（客厅）的置物棚架。本文中的大座敷指的是九间（十八叠）、六间（十二叠）的比较宽敞的空间，以与五间（十叠）以下的房间相区别。

根据16世纪中叶的记录，津田宗达宅邸中的大座敷设置有床之间（押板）和地炉。这是第一座书院结构的茶道空间开始变化的例子。

书院

后来，出现了书院的房间，与大座敷是一样的形态，但与小座敷是一样的配置与定位。

千利休的聚乐屋敷中的色付九间书院（见第120页），墙面没有装饰性的横条，是草庵风格的书院造建筑，但是没有设置地炉。

锁之间

古田织部进一步创造了锁之间。锁之间是一个有着付书院和略高于地面的上段空间，设有地炉。根据记载，当时会在小座敷中饮用浓茶，再去往锁之间品尝淡茶。

小堀远州等人也喜爱锁之间，锁之间介于书院与小座敷的风格，是17世纪上半叶在武士阶层非常流行的空间。锁之间采用土墙加保留树皮的柱子等形式，后来被归类为数寄屋造建筑风格。

广间

日本江户时代中期，各流派有很多弟子开始使用六叠榻榻米和八叠榻榻米的座敷。设有地炉。采用土墙墙面与留有树皮的柱子的形式，这种形式一直持续下来就是现在使用的座敷。

利休屋敷色付九间书院

参考《聚乐宅绘图》绘制。

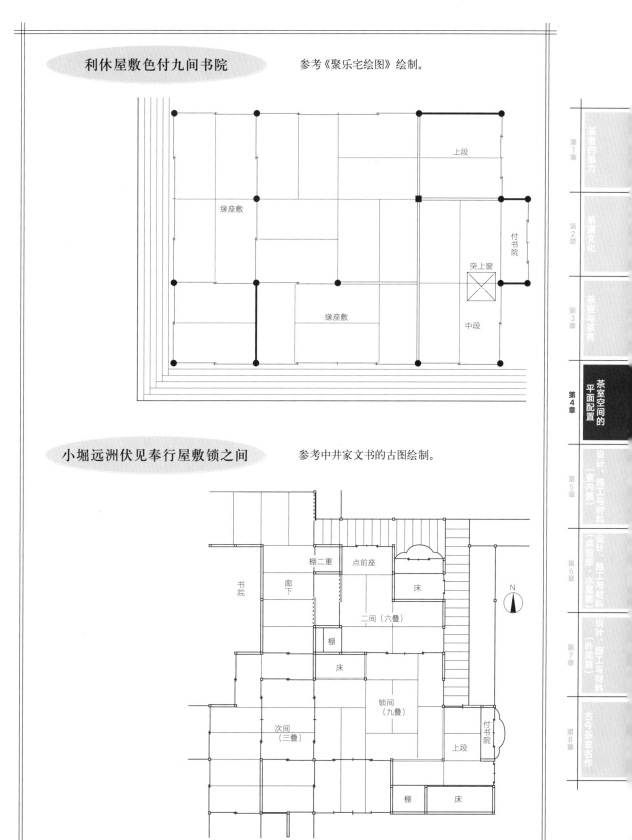

上段

付书院

缘座敷

突上窗

缘座敷

中段

小堀远洲伏见奉行屋敷锁之间

参考中井家文书的古图绘制。

书院

棚二重

点前座

廊下

床

二间（六叠）

棚

床

N

锁间（九叠）

付书院

次间（三叠）

上段

棚

床

第1章 茶器的能力
第2章 茶道文化
第3章 茶器与茶苑
第4章 茶室空间的平面配置
第5章 设计、施工与材料（室内篇）
第6章 设计、施工与材料（点前座、水屋篇）
第7章 设计、施工与材料（外观篇）
第8章 古今著名名作

053 广间的形态与设计意境

Point 广间是比四叠半更宽广的空间，而且还能够在其中摆设台子。

广间的形态

现在所说的茶道空间的广间，是比四叠半更宽广的房间，且能够使用台子这种高压的点茶方式，但这并不是严格的定义。

一般来说，点前座采用大目叠，或是设有中柱、袖壁的茶室一般不会被称为"广间"。比如说，四叠大目茶室虽然在尺寸上比四叠半大，但这种座敷不会被称为"广间"。

但是也有例外的情况。例如在广间中使用四叠半切的地炉，这样的四叠半切称为"广间切"。

广间的设计意境

像本书第114页所介绍的，16-17世纪时，大座敷、书院、锁之间等各种形式的座敷纷纷诞生，是在茶室走向草体化（见第130页）的趋势下所延伸出来的空间。

18世纪出现的广间，所蕴含的设计意境也与前者相同。草体化的设计精神对之后的数寄屋造建筑产生了深刻的影响，也可以将它说成是数寄屋造的核心。

数寄屋造建筑

以书院造建筑为基础，加上草庵茶室的思想与技术，形成了数寄屋造的建筑风格。数寄屋造建筑没有固定的规则，但是有其共同的特征。

1.用去掉树皮的圆木，或者四角带树皮的面皮柱作为柱子。

2.不加横木，或者使用半圆形的去皮圆木或者面皮木等。

3.墙面采用土墙，或者用水墨画、唐纸[58]装饰墙壁。

4.床之间、违棚、付书院等装饰性的配置，能够自由地组合成各种形态。

5.采用横条形的顶棚等比较简易的做法，而不用格子状顶棚，以此降低室内的高度。

6.材料不使用比较贵重的桧木，而是使用杉、铁杉、松、竹等。

桂离宫新御殿里桂棚

棚架内的墙面可以张贴唐纸，户棚与违棚可自由组合配置，让人联想起荷兰风格派运动（20 世界初期由垂直、水平线及平面构成的建筑）。

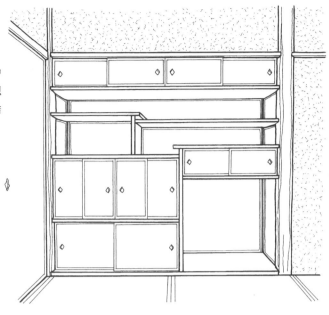

三溪园临春阁住之江之间

顶棚由不同方向的竿缘构成，墙面是土墙，床之间内是画有水墨画的墙壁。

第1章　茶室的魅力

第2章　茶道文化

第3章　茶室与茶苑

第4章　茶室空间的平面配置

第5章　设计、施工与材料（室内篇）

第6章　设计、施工与材料（点前座・水屋篇）

第7章　设计、施工与材料（外观篇）

第8章　古今茶室名作

从名茶室开始普及的广间（1）八叠花月

Point "七事式"是花样丰富的茶道练习。"花月楼"是专门为茶道练习而建的茶室。

七事式

日本江户时代中期后，茶道各流派门下弟子众多。因此，变化丰富的茶道练习就出现了。

"七事式"是在表千家七世的如心斋（1705-1751年）和里千家八世的又玄斋（如心斋的弟弟，1719-1771年）的时代产生的，是茶道的排练形式。有花月、且座、茶歌舞伎、员茶、回炭、回花、一二三，共七种，在茶道的练习中会有变化，磨炼了茶道的精神和技术。

花月楼

花月楼是为了举办七事式而建造的茶室，由如心斋的弟子川上不白在1785年建造，位于江户神田明神神社院内，是八叠榻榻米、连接四叠大的上层，正面的中央有床之间，床之间两侧是小壁橱和棚架，且设置

了付书院。原本的花月楼已经不存在了，现存的花月楼位于萩市的松阴神社内，是川上不白于1776年为毛利重设计的。

现在，江户千家也将花月楼重建。但是这家茶室既没有上段，也没有设置付书院。一张榻榻米宽的床之间放置在中间，还设有佛龛。床之间左边的床柱张贴了赤松皮，侧边做成地袋[59]。床之间下边的床框延至右侧，床柱的上边用垂直的材料连接起来，还在另外一侧吊挂了两层的棚架。

松风楼

表千家在日本大正时代建造了松风楼，这是仿照花月楼形式的茶室。中央的床之间是一张丸叠大的形式，床之间的左边是墙面，右边是琵琶台，侧边是平书院。松风楼的特征是床之间上方的横木直接与琵琶台上部连接起来。

松阴神社（萩市）花月楼

如心斋的弟子川上不白在 1776 年设计了花月楼，设有四叠的上段之间。

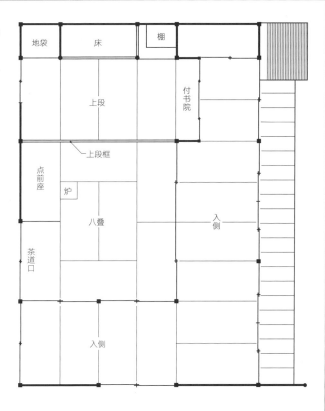

表千家松风楼

1921 年，表千家松风楼被重新建造，床之间在中间，是适合举办七事式的茶室。三面的墙围绕着鞘之间，隔墙被移除后可以变成二十五叠大的空间，这样许多人就可以在此进行茶道练习。

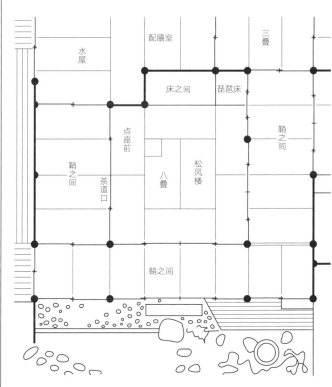

第1章 茶室的魅力

第2章 茶道文化

第3章 茶室与茶苑

第4章 茶室空间的平面配置

第5章 设计、施工与材料（室内篇）

第6章 设计、施工与材料（点前座·水屋篇）

第7章 设计、施工与材料（外观篇）

第8章 古今茶室名作

055 从名茶室开始普及的广间（2）残月之间

Point 千利休建造的色付九间书院茶室，在被复原后改称为"残月亭"。后来出现不少模仿九间书院茶室的"残月系仿作"。

色付九间书院

千利休于1587年在京都的聚乐第建造了色付九间书院。"色付"是指用彩色的柿油、铁红等涂料涂染在木材上，"九间"就是十八叠大的日式房间。在九间书院中添加草庵风格的茶室，是数寄屋的初期形态（见第116页）。这间茶室的特征是二叠大的上阶层和四叠大的中阶层相连。据说丰臣秀吉曾依靠在上阶层的柱子旁，透过突出的窗子眺望残月（清晨的月亮）。

残月亭

千少庵在重建千家的住宅时，也重建了九间书院，不过缩减了其中间的部分。千少庵还根据丰臣秀吉眺望残月的故事，将这间茶室命名为"残月亭"，并将茶室内的床之间命名为"残月床"，将床柱称为"太阁柱"。残月亭曾两次受灾被毁，所以现存的建筑是重建之后的形态，与原本残月亭设计的不同之处在于南侧的墙壁被改为明障子，且客人可由室外直接进入茶室内。

残月仿作

日本有多处模仿残月亭而建成的残月仿作，如清流亭（京都市左京区）、八芳园（东京都港区）、村野邸（兵库县，村野藤吾设计，现已不存在）、八胜馆八事店（名古屋市昭和区，堀口舍己设计）等，都是众所周知的残月系代表作品。

虽然这些残月仿作茶室的布局中都以残月床为重要的构成部分，但个别茶室在细节处仍存在很多差异。清流亭的空间布局与残月亭基本一致，只有天井不同于残月亭，残月亭的天井采用骨架外露式的化妆屋根里天井[60]，而清流亭采用了水平的平天井形式。八胜馆八事店的残月之间一般会在平书院的位置设置了蹦口。村野宅邸内的残月床上铺设了板材，采用的是踏床形式。这些细节改变都来自建筑师的自由创意和构思。

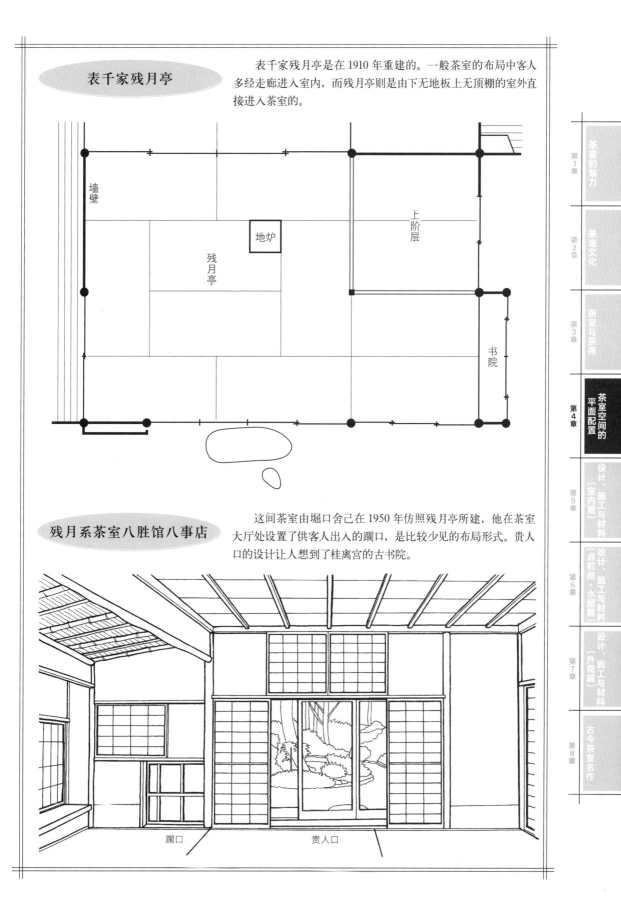

表千家残月亭

表千家残月亭是在 1910 年重建的。一般茶室的布局中客人多经走廊进入室内，而残月亭则是由下无地板上无顶棚的室外直接进入茶室的。

墙壁

地炉

残月亭

上阶层

书院

残月系茶室八胜馆八事店

这间茶室由堀口舍己在 1950 年仿照残月亭所建，他在茶室大厅处设置了供客人出入的躙口，是比较少见的布局形式。贵人口的设计让人想到了桂离宫的古书院。

躙口

贵人口

第1章　茶室的魅力

第2章　茶道文化

第3章　茶室与茶苑

第4章　茶室空间的平面配置

第5章　设计、施工与材料（室内篇）

第6章　设计、施工与材料（点前座·水屋篇）

第7章　设计、施工与材料（外观篇）

第8章　古今茶室名作

广间的多样化布局

除了原创的茶室受到各家流派模仿外，配置有一间床的七张榻榻米大小的稻荷茶室也有许多的仿作。

啐啄斋喜爱的七叠茶室

千家八世的啐啄斋，设计了无法用来举行茶道七事式的七个榻榻米大小的厅室，以此作为茶室。严格地说，床之间旁边是大目叠，这间茶室就应该归类为六叠大目茶室。除此之外，在外廊处铺设了四张大目叠，在点前座铺设丸叠，地炉是四叠半。从茶室正面看，在左侧设置的床之间是宽敞的大目床，在其前方还铺设有板叠。

咄咄斋·大炉之间

茶室咄咄斋是里千家十一世设计建造的。从这间八叠大的广间正面看，其中间设置了约2.33米的床之间。咄咄斋的特征是其床柱粗壮的程度令人惊讶，这些床柱来源于大德寺内直径约20厘米的五叶松。在床之间旁边铺设了木地板，墙面设置了大面积的落地窗，角落的柱子涂了与墙面相同的色漆，这样柱子就不显突兀了。顶棚是用薄木板拼成的格子顶棚，在粗大的格子孔处穿插细木枝。

旁边是六叠大的次之间，也就是大炉之间。约60厘米，且采用逆胜手的形式。大炉的设计参考了农舍中烧炭火的坑炉，可使冬天的室内变得更加暖和。

伏见稻荷大社的茶室

伏见稻荷大社的茶馆据说是后水尾天皇所赏赐的。七叠大小的客厅中设有一间床，床之间旁的榻榻米内侧设有展示架。床之间另一侧的墙上设有付书院的花头窗[61]。付书院的旁边设中敷居窗，这种窗下槛较高，且下部为铺设板材的腰障子。黑色的床框、方柱形的门楣及设置在一起的博古架和书院等，这些都是书院造（见第82页）的要素，但是其中的床柱却仍采用原木，相手柱采用面皮柱，使这座茶室具有草庵茶室的风格。现在的点前座被设置在房间的内侧，但也可以推测之前可能是在床之间的旁边。

表千家的七叠啐啄斋

表千家的七叠啐啄斋是日本明治时代末期至大正元年间重建的茶室。其实际空间有六叠大，点前座铺设丸叠。

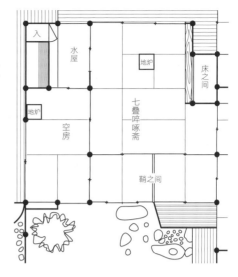

里千家咄咄斋的大炉之间

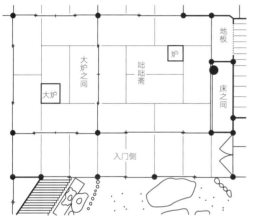

八叠大小的里千家咄咄斋在客座的一侧设置了约233厘米宽的床之间。次之间是六叠大小的大炉之间，采用逆胜手形式。

伏见稻荷大社茶室

七叠大小的伏见稻荷大社茶室采用了大目切形式的地炉。点前座原本是在床之间的旁边。

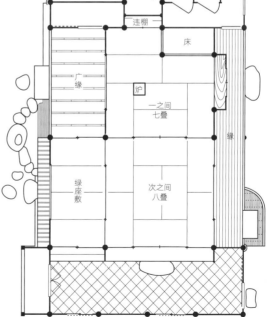

第1章 茶室的魅力

第2章 茶道文化

第3章 茶室与茶苑

第4章 茶室空间的平面配置

第5章 设计、施工与材料（室内篇）

第6章 设计、施工与材料（点前座、水屋篇）

第7章 设计、施工与材料（外观篇）

第8章 古今茶室名作

057 立礼席 1

Point 立礼席是依据外国人喜欢坐在椅子上饮茶的习惯而建的茶室，它还曾在博览会上公开展示。

博览会及立礼席

1872年，第一届京都博览会召开。这次博览会模仿了欧洲的博览会的形式，虽然规模有所不同，但是展示的都是新奇的物品和设计，所以这也是日本现代文明开化的象征之一。

有趣的是，传统的日本茶道也深入参与了这次博览会，比如，知恩院三门煎茶席的设置，建仁寺正传院的抹茶席及建仁寺中的立礼茶席。立礼茶席是主人以坐在座位上沏茶的形式代替传统的席地而坐的茶道形式，而客人也同样坐在椅子上饮茶。

这种设置了风炉和茶釜的沏茶桌，是由里千家十一世的玄玄斋所设计，并由数寄屋建造师木村清兵卫建造完成。这次的京都博览会吸引了很多国外游客，设计师为国外游客考虑而设计出这种沏茶桌，并衍生出这种新的茶道形式。

立礼席的普及

此外，在1873年，崛内家为了迎接从中国来的客人，设计了沏茶桌，并由飞来一闲制作完成。

公园也是从欧美传入的新思潮之一，同样也成为日本现代文明开化的一种象征。例如在京都的祇园社旧院内建成的圆山公园及同样在京都的也阿弥饭店等，都是为适应国外远道而来的客人而建造的。

圆山公园南侧的西行庵，原是祭祀西行法师的草堂，1893年时由宫田小文改建成茶室。西行庵是茅草屋式的寄栋造建筑，其特征是四叠半、二叠大目及以平瓦铺设的地面的日式房间。其地面砖是菱形斜铺（四半敷）的方式，两侧设置了座位，墙面上装饰了博古架，而沏茶桌则设置在茶室的正前方。

颜莳绘桌（崛内家） 桌子中央处设置了风炉，茶道用具则放在桌子的两侧。

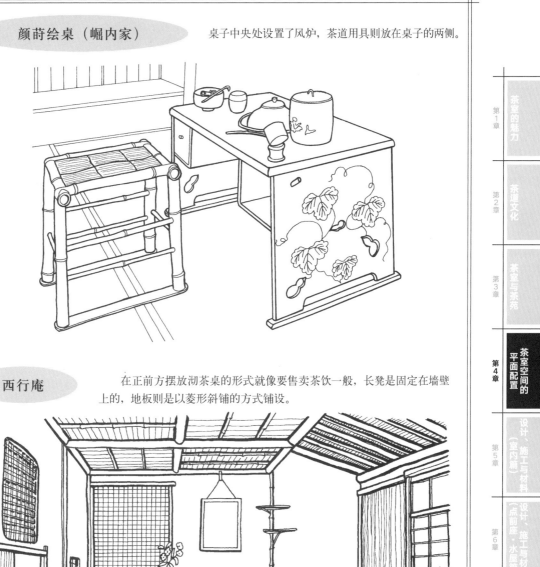

西行庵 在正前方摆放沏茶桌的形式就像要售卖茶饮一般，长凳是固定在墙壁上的，地板则是以菱形斜铺的方式铺设。

第1章 茶室的魅力

第2章 茶道文化

第3章 茶室与茶苑

第4章 茶室空间的平面配置

第5章 设计、施工与材料（室内篇）

第6章 设计、施工与材料（点前座·水屋篇）

第7章 设计、施工与材料（外观篇）

第8章 古今茶室名作

058 立礼席 2

Point 日本人的生活习惯随着椅子的使用而慢慢发生改变，以日本人为服务对象的立礼席也逐步形成。

日本大正、昭和时代的立礼席

从日本大正到昭和时代，日本人自身意识的变化，使从前只有榻榻米的房间里逐渐流行起使用椅子来。建筑师藤井厚二就曾尝试将椅子和榻榻米结合设置在同一间房间里。

热衷茶道的小林一三在1936年建成了三叠大目的茶室即庵。茶室内的四周都设置了椅子，将门扇拉起来时，可以按传统跪坐的方式饮茶，把门扇拿走时，将门槛改成横档，就可以当成椅子而举行立礼茶。

1951年，上野松坂屋的"新日本茶道展"中，堀口舍己、谷口吉郎分别建造了以"美似居"和"木石舍"命名的可举行立礼茶席的茶室。美似居中使用了较多的树脂材料，并采用了将沏茶桌和客人座椅分离的形式，木石舍则是采用了沏茶桌和客用桌一体化的形式。

立礼席的构成

立礼席大致分为两种形式：一种是主人与客人都用椅子；还有一种是主人跪坐在榻榻米座位上，而客人用椅子。

第一种形式，主人坐在椅子上为客人沏茶的话，则需要准备沏茶桌；第二种形式，客人坐在椅子上或是坐在固定在墙边的长凳上时，就需要准备客人用的桌子。沏茶桌一般被称为"立礼棚"，里千家十四世的淡淡斋设计的御园棚，表千家十三世即中斋设计的末广棚等，都是在桌面上设有嵌入式炉具的形式。另外，还有桌面上部设置风炉的沏茶桌。

主人使用的座椅类型，可以是以一张榻榻米设置的点前座，也可以在三叠或四叠半的茶室空间侧边或四周设置的椅子。一张榻榻米的点前座一般采用向切形式，客人座椅旁边会有用于放置茶和道具的搁板。

即庵　　三叠大目的茶室四周铺设了砖瓦地板，并设置了椅子。

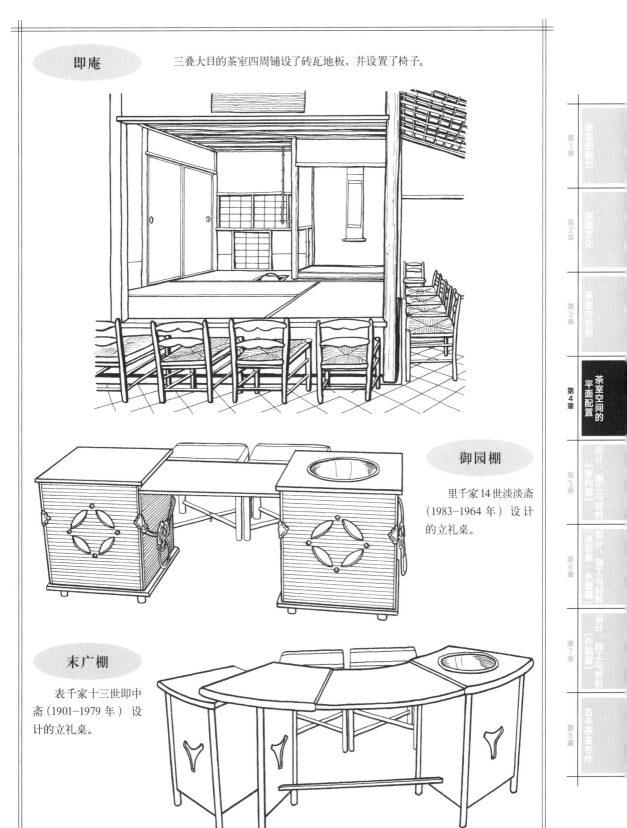

御园棚

里千家14世淡淡斋
（1983-1964 年）设计
的立礼桌。

末广棚

表千家十三世即中
斋（1901-1979 年）设
计的立礼桌。

第1章　茶屋的魅力
第2章　茶道文化
第3章　茶室与茶苑
第4章　茶室空间的平面配置
第5章　设计、施工与材料（室内篇）
第6章　设计、施工与材料（点前座·水屋篇）
第7章　设计、施工与材料（外观篇）
第8章　古今茶室名作

短评④

台目和大目

　　茶室中的榻榻米，一般可分为三种尺寸。最基本的是约2.1米×1.05米的丸叠，以及约1.05米×1.05米的半叠。丸叠和半叠通常会在一般的住宅中使用，不过，大目叠才是茶室中专门使用的榻榻米。

　　"大目"也被称为"台目"。从历史上来看，是在千利休活跃的日本安土桃山时代出现了这种尺寸的榻榻米。当时被记载为"大目"，但是，不久之后被记载为"台目"的情况也变得多了起来。这被普遍认为是在千利休逝世约一百年后，《南方录》一书中较多的使用了"台目"二字。自此之后直到现在，众多的文献中仍使用"台目"二字。但是，本书中则使用的是更具历史性的"大目"。

　　大目叠通常使用在点前座，也就是主人沏茶的位置，原因有两个。

　　首先，是以建筑性的语言表达出待客之道，也就是说，为了让客人更有使用空间上位的感觉，主人的大目叠点前座设计得相对较小。

　　其次，是简素的侘茶精神的表现。在形式更加高雅的茶事中，茶器不能放置在比丸叠小的榻榻米上，而大目叠的使用，则是对这种高雅茶道的否定。

第 **5** 章
设计、施工与材料
（室内篇）

059 真行草

Point 虽然真行草也有形象化的实物，但是其本身也是一种相对而言的概念，大多数时候并不能严格区分。

真行草概念

在描述日本的传统技艺时，常常会使用"真行草"一词。从茶道到插花、连歌和能剧，都会经常使用这一概念。以书法为例，楷书（真）的字体本来应该说是正体，草书（草）字体是形式化的略字体，而行书（行）是介于两者之间的一种字体。虽然这个定义中也有部分是形象化的具体物体，但是"真行草"仍是相对的概念，三者并没有严格的区分。另外，如果某种技艺向着越来越不拘泥于形式的方向发展，那么就称此为"草体化"。

茶器中的真行草

在茶道中，例如，由中国传入日本的用于供奉神灵或是供将军使用的真涂台，或者从中国的唐朝时期传入日本的工艺品茶器等，普遍被归类为"真"。相反的，日本本土烧制的陶器，表现土质风格的茶器则被定位为"草"。

茶室中的真行草

草庵是茶室中"草"的代表。草庵茶室通常不大于四叠半榻榻米，室内使用土墙面及原木，屋顶使用茅草或柿葺铺设。另一方面，书院造的茶室则是"真"的茶室代表，具体表现为在张付壁使用方柱，强壁上安装长押。"行"的茶室则没有明确的定义，一般会用圆木切割的横木，墙面则是土墙和张付壁混合使用。

其实，在同一个茶室中也有对"真行草"的各种定位。以顶棚为例，平天井被定位为"真"，化妆屋根里天井被定位为"草"，低矮的落天井则被定位为"行"。然而，结合茶室空间的大小和与其他元素的搭配来看，点前座的上方一般采用落天井，从而营造比客座空间更低的空间氛围，那么这时点前座及众多其他的要素的组合则被称为"草"的空间。

顶棚中的真行草

　　化妆屋根里天井贴近农家的土面建筑空间，顶棚的设计不用额外的装饰，而采用最为朴素的顶棚形式。一般顶棚的高低和空间的主次有密不可分的关系。

　　在下图所示的茶室设计中，床之间处的平天井为"真"，落天井是"行"，化妆屋根里天井被定位为"草"。只是，从空间配置方面来看，位置比较低的水屋和接下来的茶道口及由袖壁包围的点前座空间都被定位为"草"的空间。

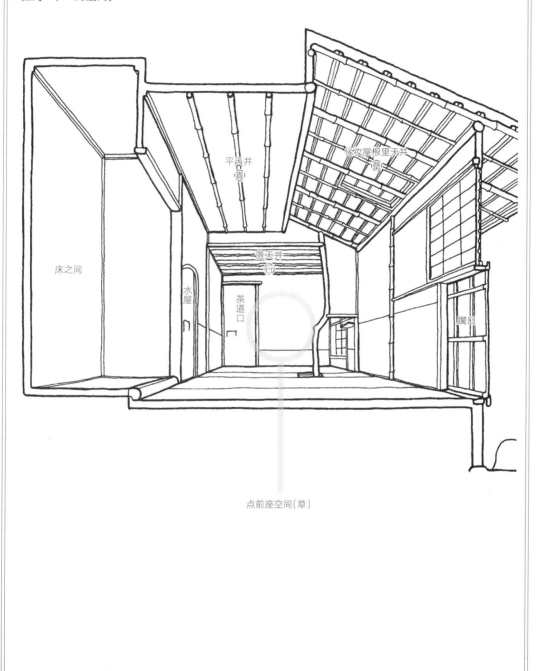

平天井（真）

化妆屋根里天井（草）

床之间

落天井（行）

水屋

茶道口

躙口

点前座空间（草）

060 柱的形状

Point 规则化的角柱、素朴的丸太柱（圆木柱），以及介于两者之间的面皮柱。

日本建筑中的柱子

在日本的建筑中，柱子有着重要的意义。在有着悠久柱状结构历史的日本建筑中，如诹访大社的御柱祭和神明造（日本的神殿建筑）的栋持柱（支撑建筑结构的柱子）等，柱子是非常特别的存在。

从日本古代到中世期间，寺院和住宅建筑中主要使用丸太柱（圆木柱），这是由天然木材加工成四边形剖面，在此基础上加工成八角形剖面，再到十六角形剖面，直至加工成剖面没有棱角的圆木柱。随着书院造的要素变化，即装饰的空间、榻榻米及横拉门窗等的广泛使用，角柱也逐渐变得比较常用。

茶道空间中的柱

在初期的设有茶道空间的会所（见第50页）中，使用的就是角柱。而在山中的庵居型茶室及室町时代用于聚会的茶道空间中，使用的则是圆木柱。

从村田珠光到武野绍鸥的时代，建成了很多四叠半的茶室，其中主要使用角柱。千利休最初也是使用角柱，但在后来的草庵茶室中，用的则是丸太柱，后来在广间中也开始采用丸太柱。

丸太柱和面皮柱

丸太柱就是圆木柱，圆木基本上都是天然木材。面皮柱别名为"面付柱"，使用圆木加工成有一个至四个平面的柱子。在比较正式的茶室中使用的角柱、形状不规整的面皮柱及草庵茶室中的圆木柱等，都是根据茶室风格的不同而使用了具有相应风格变化的柱子。在有些情况下，也会为了配合表现茶室空间的上下关系，而在同一间茶室中使用不同类型的柱子，以求将待客之道体现在具体的事物上。

圆木柱的制造（以北山圆木柱为例）

| 新芽插枝 | 在 4、5 月左右，选取好木材的新芽插枝到田地里，培育 2 年。 |

| 植树（种苗） | 在第 3 年，将树苗移植。 |

| 剪枝 | 树苗移植培育 7 ~ 8 年后，进行第一次剪枝，之后每隔 2 ~ 3 年进行一次。 |

| 去除分枝 | 在将要砍伐的前一个冬天里将树枝枝叶去除，只留下顶端树枝。这是为了抑制其生长，使树木材质更加紧实、细密，去皮后的木材也可以更加光滑，以免干燥时产生裂纹。 |

| 采伐 | 根据用途采伐 20 ~ 60 年的木材。 |

| 放置 | 将采伐的木材放置于林场，晾晒 1 个月。 |

| 切割 | 将木材切割成 3 米或 4 米的分段。 |

| 运输 | 将切割好的木材运送到作业场。 |

| 去除粗树皮 | 用木制的工具将粗糙的树皮去除。 |

去除粗树皮

| 去除薄皮 | 用镰刀将内侧的薄皮去除。 |

| 磨砂抛光 | 用细砂将木材打磨平滑。 |

| 背割 | 为了防止出现裂纹，在木材上预先切割出一道深至中心的缺口。 |

| 矢入 | 背割处撑开并在缺口处打入楔子。 |

| 室外干燥 | 将木材放在太阳下晾晒干燥约 1 周。 |

打磨抛光

| 室内干燥 | 将木材放于仓库内干燥半年至 1 年的时间。 |

| 出货 | 出货。 |

061 柱子的加工

Point 在草庵茶室中天然圆木柱的使用更显妙趣。柱子以自然的形式相接的技术称为"光付"。

圆木柱的选择

在自然风格的茶室建筑中更加偏向使用圆木柱，所以圆木柱的选择成为建造茶室的第一步重要工作。因为圆木是天然的材料，所以柱子两端的直径会不一样，也会有多多少少的弯曲和凹凸。

同时，在不同的方向，看到的柱子形态也不相同。所以，挑选作为支柱被使用的圆木，有正确而独到的眼光是非常必要的。因为只有这样，才能将各种不同特征的木材用得恰到好处。

光付

柱子的柱脚需要立在根石上，上端则需要承受横梁等，所以这两端都要经过加工才能与上下二者相结合，这个工艺称为"光付"。柱脚处需要配合根石的凹凸进行加工，这需要用到一种圆规状的工具在柱脚上作标记，然后一点点削去多余的部分。应该注意的是，除了对外部进行加工，内侧也应该结合凹凸的连接面进行加工。如果在加工上不够严谨的话，会使内侧连接面形成空洞，承重的柱子底端就会产生裂纹并逐渐扩大。横梁与柱子连接的顶部也同样需要注意。

面付

圆木柱与门窗、榻榻米接触的部分，必须进行对齐修整。柱与门窗之间若有间隙，门窗就无法合拢，所以柱子表面需要修整平滑。另外，在墙壁下方和榻榻米之间一般设有叠寄[62]，为了使柱子和榻榻米更好地衔接，就需要在柱脚处进行谨慎加工才不会太过压迫榻榻米。

除此之外，床柱正面的柱脚处常做出竹笋状削面，且笋面也不一定是必须垂直于地面的。这种笋面高度也是根据个人喜好而定的。如妙喜庵中的待庵（见第210页），其中床柱上的笋面高度甚至达到了床之间上方的落挂高度。

接合处的光付工艺

柱脚需要根据根石表面的凹凸进行加工，这需要借助一种类似圆规的工具。因为丸太柱也不是正圆的柱子，所以柱子上部与横梁接合的部分也需要用光付工艺，谨慎地加工出相契合的接面。

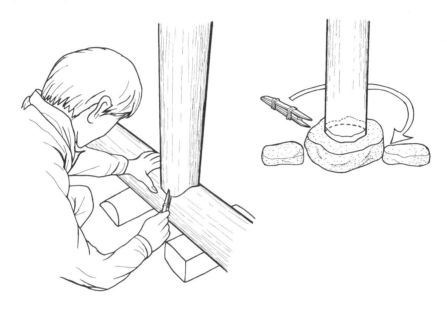

笋 面

笋面常出现在床柱的柱脚处。笋面一般没有特定的尺寸，但图中所示是较常见的类型。

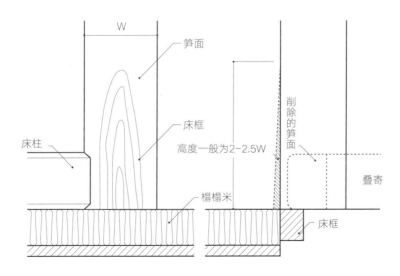

062 柱子的材料

> **Point** 在茶室中，一般都有避免使用高级材料的倾向。因此拥有柔软手感的杉树被广泛应用在茶室建造中。

柱子的树种

杉木是茶室所使用的柱子中较流行的木材。一般在日本建筑中，桧木是最上乘的木材。但是，在茶室中，虽然并不是完全不使用桧木，但也会避免使用此类高级的木材，所以相对而言，杉木和松木被使用得更多。特别是质地柔软、容易加工的杉木，在茶室建造中格外受欢迎。京都北山，自古就是植树造林的地区，出产了很多优良木材。

除了杉木和松木，还有香节、栗木、竹子等可以做柱子的材料。有趣的是，在水无濑神宫的灯心亭（见第222页）中，茶道口、给仕口的周围使用的是松、竹、梅三种木材，被认为是极文雅、大气的材质搭配。

杉木丸太柱

杉木丸太柱有几种类型，如磨丸太、锖丸太、档丸太、皮付丸太等。磨丸太即去除树皮后，用细砂石进行打磨、水洗，使其表面展现独特的美丽光泽，这也是最常使用的一种丸太柱。锖丸太的柱表面有黑褐色斑点状的锈斑，意在表现内敛而又古色古香的风格。档丸太则是圆木上有凹凸的节点，或是呈现略微扭曲的形态，有一种美而有力的感觉。

竹

竹子通常是在床柱和中柱中被使用。使用较多的竹材有白竹、胡麻竹、煤竹及角竹等。煤竹是古代民房中常用来做椽子的材料，屋顶改修或拆除时还可以收集起来再利用。

历史上还有被称为"竹亭"的建筑，这是日本室町时代的贵族们使用竹子建造的住宅。因为常在竹亭中举办茶事，所以竹亭对后来的茶室建筑也产生了一定的影响。

铭木丸太（优质的圆木）

下图从左至右，依次是赤松皮丸太、桧锖丸太、杉木面皮丸太、杉木绞丸太、杉木磨丸太。

铭竹（优质的竹材）

下图从左至右，依次是纹竹、煤竹、胡麻竹、圆面竹、白竹。

063 床之间

Point 在初期的茶道空间中，名贵的书画装饰品常被挂在一叠宽的床之间内。而在以町屋偏屋作为茶室的时代，书画等则是直接挂在墙上的。

床之间的诞生

追溯历史，在日本古代的建筑空间中，没有为了装饰而特别设置的空间。但是，中世纪后，为装饰而造的空间成为建筑的一部分，如押板、违棚、付书院等。

另外，作为座具而设置的榻榻米，在中世纪以后逐渐铺满了整个房间。而且，为了表现空间上下关系，出现了水平高度略高的上段。而专门为装饰而造的空间，大多在上段的周围。这种形式的房间在不久之后便发展为书院造的座敷。茶室的床之间，就是将上段和装饰空间结合而成的。上段既设有贵人坐的位置，同时也是装饰性的空间。

床之间的变迁

最初在茶道空间中设置的床之间为一叠榻榻米宽，用来装饰名贵的书画等。而在以町屋偏屋作为茶室的客厅中，并没有用来挂装饰品的床之间，所以书画等是直接挂在墙上的。

不久之后，随着比四叠半还小的小客厅的出现，床之间的尺寸也随之减少，变为宽度在133～167厘米，纵深在半叠80厘米左右。在这样的床之间中不再悬挂名家画作，但这不如说是刻意回避追逐名品的结果。自此形成侘茶思想下的床之间。

在最初的茶室中，人们可能会坐在床之间中。随着床之间逐渐缩小，人们不能再坐于其中，但床之间前方的位置也代表茶室空间中最尊贵的地方。

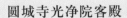

圆城寺光净院客殿

建于 1601 年，正面是押板和违棚。左侧是上段，其中包括付书院和押板。

没有床之间的绍鸥四叠半的茶室

《和泉草》刊登的绍鸥四叠半茶室，位于大德寺的高林庵内，但据传后来被烧毁。图右侧的大平板可以认为是"床"的部分。

引用自《和泉草》

床之间的结构（1）

Point 床柱是茶室内最显眼的部分，所以床柱的选择必须考虑茶室整体设计的平衡。

床柱

床之间中设置的床柱，在茶室的柱子中是最显眼的。所以更要注意的是，如果床柱太过于抢眼，那么茶室空间就会失去整体的均衡感。近代的建筑师会特别注意选择形态较为保守的床柱。一般来说，较常见的床柱是赤松皮付柱和杉木磨丸太柱，此外，也会使用锖丸太柱、档丸太柱、香节丸太柱或栗丸太柱等。自日本大正时代（1912—1926年）开始，人工杉木绞丸太柱部分在茶室中开始应用。也有用民房和寺院等建筑中拆下的柱子做成床柱的情况。床柱可以设置在床之间的任意一侧，也可以在左右两侧都设置柱子，这两根柱子被称为二本柱，如果只设置一根床柱，那这根柱子就被称为相手柱。

床框

床框位于床之间下部的位置，也是会影响床之间氛围的重要部分。床框有用漆涂的涂框，也有用圆木制作的丸太框等。通常，涂框在广间的客厅里使用的比较多，但是在千利休的大阪屋深三叠大目（见第214页）中也有使用。床框的使用可以提升客座的等级。丸太框一般用于小型茶室，且圆木材料一般都经过了加工。在妙喜庵的待庵（见第210页）中，使用了有大的节眼的桐圆木，以表现朴素、严肃的气氛。

落挂

落挂是安置在床之间上部的水平横梁。落挂选用的材料一般是有直纹的天然木材，从正面看呈垂直纹，下端一般呈山形纹。另外，有时会保留部分皮孔，以表现茶室追求朴素的情怀。

床天井

床之间的顶棚通常为竿缘天井[63]，或是用一整张板材铺贴而成。也有用木材或竹材编制的顶棚。

床之间

床柱和相手柱同时存在时，二者并称为"二本柱"，但当相手柱与茶室内其他柱子是相同的木材时，就不必如此称呼了。床之间中装饰的书画也因顶棚的高度而不同，低的顶棚下就不能挂名贵的书画。

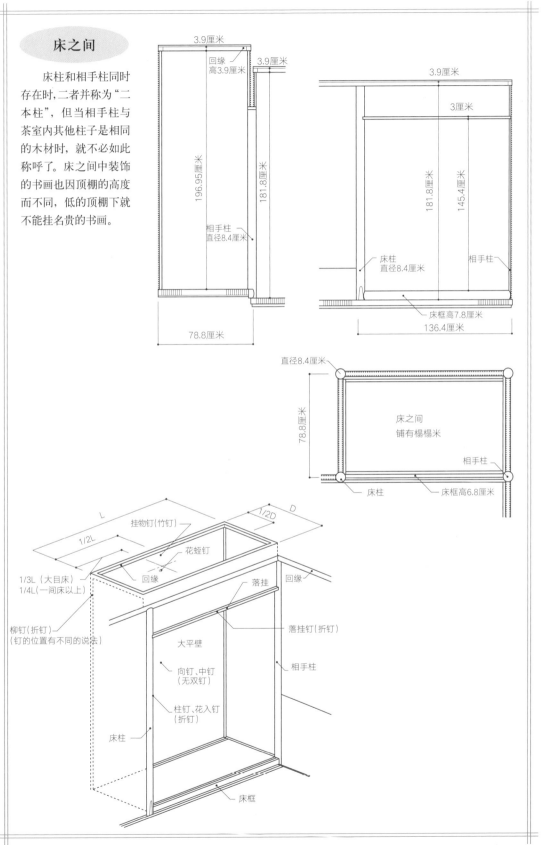

065 床之间的结构（2）

> **Point** 床之间的等级要进行综合的判断，特别是其范围的大小、床柱及床框的形态等。

大平壁

床之间内侧的墙壁称为"大平壁"，即便是在没有进深的床之间中，也是这么命名这面墙的。茶室内其他部分的墙面还有张付壁和土壁。墙壁的上方会打入挂物钉，中间则是打向钉。

本床与指床

本床，实际上不是特定的形式，但是一般来说，本床指的是等级高贵的一间床，常常使用的是有涂漆床框的叠床的形式。

所谓的指床，是一种茶室顶棚的竿缘和床之间呈直角的形式。虽说仅此而已，但指床却因各种各样没有根据的理由而被忌讳使用。而在近世书院造中的客厅里，指床则是常见的形式。

此外，榻榻米的短边与床之间相接的情况也被称为指床。这种形式在小型茶室中使用是非常合理的，所以也不必介意。

床之间的等级

床之间的等级是综合判断的，特别是要结合床之间的大小、床柱及床框的样式。虽然也经常以真行草来对床之间分类，但这也只是相对性地区分，并不能对其进行严密的分类。

床之间正面的宽度，可以是一间床或比一间床更宽的形式，以此体现其高级，大目床则较为低级。

床框是以黑漆装涂棱角的样式为高级，其次是显出木纹的床框，然后是以丸太制作的床框，最后以没有床框的踏床为最低等级。

柱子当中，以角柱显高贵，以有木纹的角柱最为上等。丸太柱相对较低级，另外，竹柱等级也比较低。此外，铺有榻榻米的叠床等级要比板床等级高。

142 图解日式茶室设计

床插

下图以圆城寺光净院的客殿为例，顶棚的竿缘指向床之间。右图成巽阁清香家三叠大目茶室中，榻榻米与床之间呈直角。总之，这两个例子都是综合地考虑厅室布局后，对竿缘和榻榻米做出的安排。

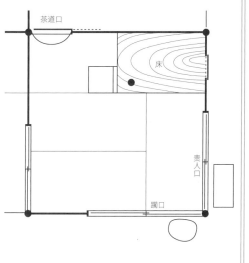

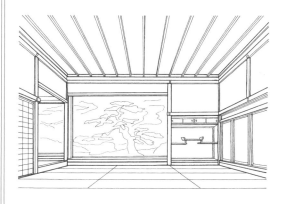

床之间的等级

右图展示的是寄付类茶室，是相对降低了等级的床之间的样式。

下图是等级相对较高的床之间。以床柱、床框或床之间的宽度等来判断床之间的等级，说到底是一种相对性的区分。

066 床之间中的钉子

> **Point** 在床之间所用的钉子中，有用于挂花器的向钉（中钉）、柱钉（花入钉）和用于挂书画的挂物钉等。

挂物钉

挂物钉位于大平壁的上部，顶棚回缘下约3厘米的位置，钉子在墙面外的部分大约也是3厘米。竹钉使用时，需要把皮背向上。

另外，在广间中，一间床以上宽幅的床之间需要考虑能挂横幅的卷轴书画，所以需打三个钉子。两侧的钉子距中间的钉子约37厘米。在更大的床之间内，会打入三副对钉，用来挂三幅一组的书画。中间是固定的钩状的稻妻折钉[64]，两边则是金属的、可以左右滑动的稻妻走钉[65]。

向钉

向钉，又称中钉，是用于挂花器的钉子。在挂上轴画时，为了使其固定，会较多地使用无双钉[66]。不过，考虑接触轴画时画的稳定性问题，就会使用到折钉[67]。向钉的高度是顶棚高度的1/2。不过，座席的大小和床天井的高度及使用者和建造者的喜好各不相同，向钉位置也会随之而改变。

柱钉

在床柱上挂花器而打入的钉子称为柱钉。柱钉的高度也随使用者或设计者的喜好而不同，但是大部分为110～130厘米。

其他的钉子

在顶棚上挂花器而使用的钉子称为花蛭钉，位置在距下座一侧约1/3的地方。

柳树位于下座内侧转角，距离回缘下面约30厘米的位置，是为挂正月时在床之间的结柳花器而设的。

另外，在袖壁的下地窗和花明窗要挂花器时，会使用朝颜钉。不只是朝颜钉，只要是有分开的两个钉脚且能够打穿竹板并固定的钉子就可以。

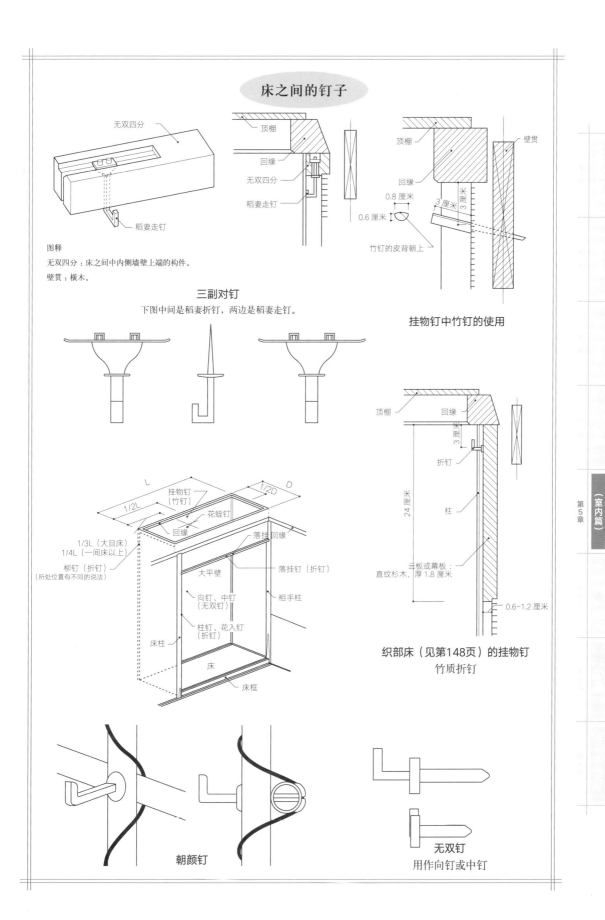

床之间的钉子

无双四分

稻妻走钉

顶棚
回缘
无双四分
稻妻走钉

顶棚
回缘
0.8 厘米
0.6 厘米
竹钉的皮背朝上
壁贯
3 厘米
3 厘米

图释
无双四分：床之间中内侧墙壁上端的构件。
壁贯：横木。

三副对钉
下图中间是稻妻折钉，两边是稻妻走钉。

挂物钉中竹钉的使用

顶棚
回缘
3 厘米
折钉
柱
24 厘米
云板或幕板：
直纹杉木，厚 1.8 厘米
0.6~1.2 厘米

挂物钉（竹钉）
花蛭钉
回缘
1/2L
L
1/2D
D
1/3L（大目床）
1/4L（一间床以上）
柳钉（折钉）
（所处位置有不同的说法）
床柱
落挂 回缘
落挂钉（折钉）
大平壁
相手柱
向钉、中钉（无双钉）
柱钉、花入钉（折钉）
床
床框

织部床（见第148页）的挂物钉
竹质折钉

朝颜钉

无双钉
用作向钉或中钉

床之间的种类（1）

Point 床之间根据其大小和形态的不同而有不同的名称，通常都是使用最能表现其特征的名称。

床之间的名称

床之间有很多的称呼。根据位置来命名的在前面已经介绍过了（见第90页），此外还有根据大小、形态、材质等来命名的各种称呼。

比如一个床之间，依据其大小、形态可称之为枡床，省略床框的话可称之为踏入床，铺设了木板则可称之为板床，所以同一个床之间也可拥有多种名称。只是一般来说，会以最能表示其特征的那个名称命名。虽说根据不同的情况床之间的名称有所不同，但在前面介绍的这几个名称中，一般会用"枡床"这个名字。

大目床、一间床、两间床

床之间依据大小而命名的称呼有一间床、两间床等。茶室在刚开始的时候是以一间的宽度为标准，草庵茶室诞生后，床之间演化至宽度为133～167厘米，进深小于半间的大目床。

叠床、板床

一般来说，将用稻梗编成的草垫铺设的榻榻米称为"叠床"，床之间中铺设草席也会称为"叠床"。框床也是叠床的一种形式，榻榻米使用的是本叠，偶尔也有只铺设草席的情况。

板床是指在床之间铺设板材的形式，有蹴入床、踏入床、框床等形式。

踏入床、蹴入床、框床

踏入床省略了床框，使地板与榻榻米一样高，又可称为"敷入床"。

蹴入床是铺设蹴入板，使床之间比榻榻米高一段的形式。蹴入板也可用丸太、竹子等来代替。省略床框而铺板材的床之间形式有很多，也有在蹴入板上设置床框再铺设榻榻米的形式。

框床是设置了床框，使床之间比客厅的榻榻米高一段的形式。

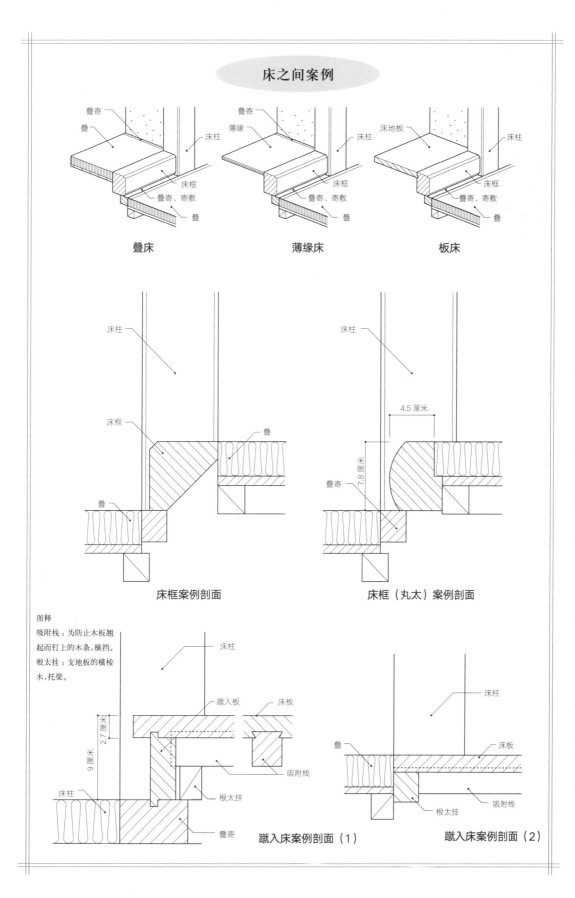

床之间案例

叠寄
叠
床柱
床框
叠寄、寄敷
叠

叠床

叠寄
薄缘
床柱
床框
叠寄、寄敷
叠

薄缘床

床地板
床柱
床框
叠寄、寄敷
叠

板床

床柱
床框
叠
叠
叠

床框案例剖面

床柱
4.5 厘米
7.8 厘米
叠寄

床框（丸太）案例剖面

图释
吸附栈：为防止木板翘起而钉上的木条，横挡。
根太挂：支地板的横棱木，托樑。

床柱
蹴入板
床板
2.7 厘米
9 厘米
吸附栈
床柱
根太挂
叠寄

蹴入床案例剖面（1）

床柱
叠
床板
吸附栈
根太挂

蹴入床案例剖面（2）

068 床之间的种类（2）

> **Point** 草庵茶室的床之间，为了表达朴素而展现出各种各样的形态。

壁床、织部床

在日本室町时代，人们会在茶道空间中直接以挂轴装饰墙面。武野绍鸥的四叠半的茶室就没有设置专门放装饰品的床之间。

壁床是指没有进深的床之间。乍一看，壁床与普通的墙面没有区别，但在墙壁上部或者顶棚回缘下端会有用来挂轴画的向钉或挂物钉。

织部床是壁床的一种，特点是在墙壁上安装宽20～26.7厘米的横纹木板。这个木板又称为"织部板"，上面钉有挂轴画的在竹钉。

室床、洞床、袋床、龛破床

室床是在床之间内部的墙壁和顶棚上涂泥，并将各转角的部分涂抹成圆角的形式。通过这样的方式，消除有进深的床之间在空间中的具体感，让人感受到心灵上的自由及侘寂空间的茶道精神。

洞床是在床之间前面的一侧设置没有边框的袖壁，且不设置落挂，而是使用从客厅到床之间内部的墙壁全部涂装的形式。床之间内部比开口处更宽，就像洞口一样，由此命名为"洞床"。设有落挂和袖墙的洞床则称为"袋床"。

龛破床的前面也是没有边框的袖壁，客厅墙壁和床之间的内部墙壁也都统一涂装，且前面两侧都设有袖壁。

枡床、圆窗床

圆窗床，是在床之间大平壁上设有装饰性圆窗的形式。为了防止逆光造成客人无法仔细欣赏书画墨迹的情况，圆窗通常都是不能打开的。圆窗床的设计，是为了使床之间本身也能成为客人欣赏的景色的一部分。

枡床是边长半间的正方形床之间。4张榻榻米和枡床组合成四边各有一间半长的茶室，也就是方丈[68]的平面面积。

床之间的种类

织部床

壁床

洞床

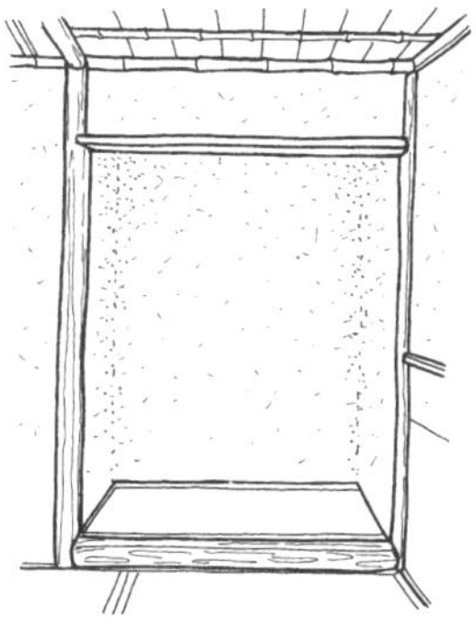

室床

龛破床

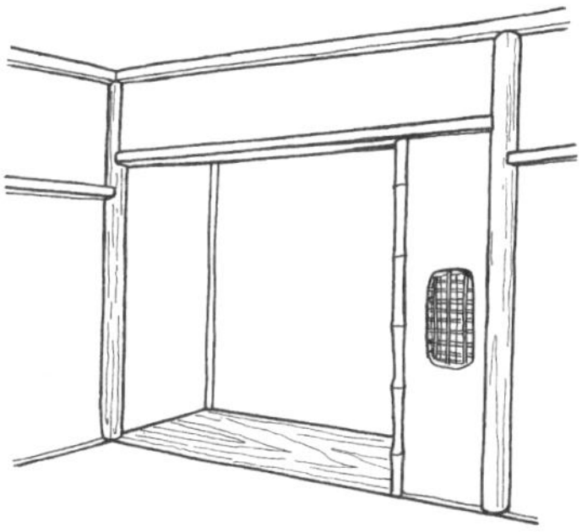

袋床

圆窗床

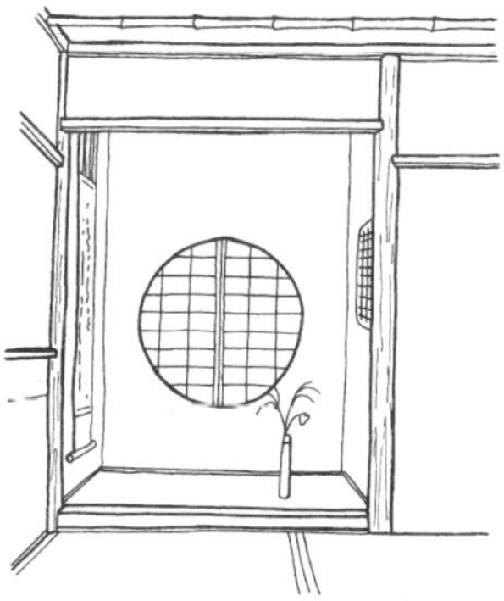

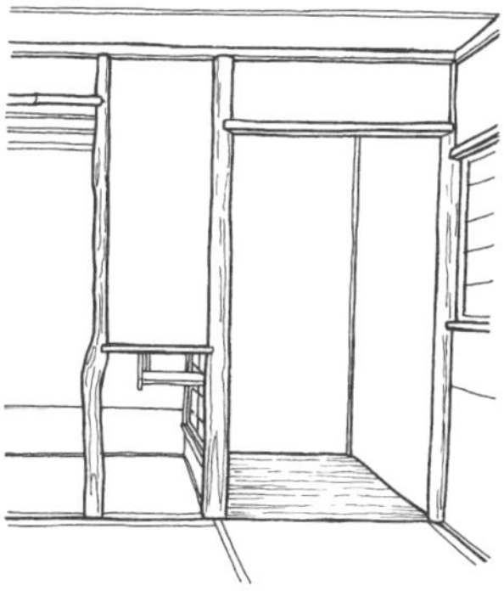

枡床

床之间的种类（3）

在茶室的设计中，不仅追求质朴的特质，也有对洒脱的匠心技艺的追求。

原叟床

原叟床是踏入床的一种，由表千家六世原叟宗左设计。一般的踏入床会在地板的一角外设置床柱，而原叟床是将床柱设置在地板内侧。床之间的侧边上部会设置作为分界的墙壁，此墙壁的下方镂空。床柱的位置可以自由设定，这种设计给人潇洒的印象，在近代的茶室建筑中这种形式被屡次使用。另外，原叟床还可以有其他形式的变形，如在地板上设置框床，或是在床之间前方和侧面使用不同于地板的材料等。

残月床、琵琶床、霞床

残月床是设立在广间内上层形式的床之间，铺设二叠榻榻米。残月床设在千利休的聚乐屋内，据说丰臣秀吉曾坐在那里仰望黎明的残月，残月床因此而得名。后来，表千家残月亭作为一个流派传播开来，在其他地方建成了很多仿作。

琵琶床是在床之间的旁边有一段高出的且铺设了板材的部分，或者说琵琶床是包含这个高出部分的床之间。据说此处用来摆放琵琶，故因此而得名。

霞床是床之间和违棚组合的形式。违棚和大平壁之间有缝隙，便于挂轴画，而违棚则表现出霞的意境。大德寺玉林院的四叠半茶室中就设有霞床的席位，这两者组合的床之间又称为霞床之间。

置床、付床、钓床

置床是可以移动的、放置在茶室一角的床之间形式。这种床之间的构成中省略了上部的各种要素，属于板床的形式，这种床之间经常在底板下设置抽屉或柜子。固定的置床则称为"付床"。

钓床是悬吊在顶棚上的、省略了床之间下部要素的形式。一般由钓束（悬在栋和梁之间的短柱）、落挂和小壁[69]构成。

床之间的种类

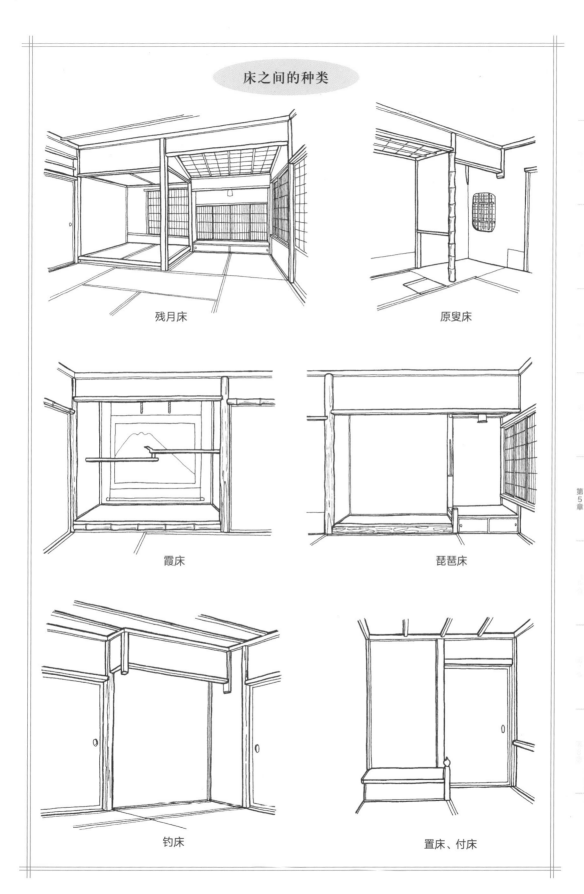

残月床

原叟床

霞床

琵琶床

钓床

置床、付床

070 墙的变迁及不同的工艺技法

Point 随着侘茶精神的产生，茶室中逐渐开始采用原本用于平民住宅中的土墙的形式。

茶室墙壁的变迁

早期的茶室墙壁主要是土壁（用灰泥涂的墙）和张付壁（张贴纸张的墙壁）。张付壁所用的纸，除了白张付（空白的纸张）外，也有张贴水墨画的墙壁形式。

在武野绍鸥及其弟子千利休的时代，茶室的墙壁开始使用土墙。为了表现素朴的气质，使用的就是一般民房中所用的土墙。千利休曾说过："粗墙上挂书画，独具雅趣。"

自此之后，茶室墙壁就分为规格较高的茶室中的张付壁和草体化茶室中使用的土壁。此外，也出现了将两种墙面组合的茶室形式。

张付壁的工艺技法

张付壁内里的基本骨架是纵横交错的窗格型木条，骨架上贴几层纸后，再以白色的鸟子和纸张贴做表面。

用窗格型木条（组子）做骨架基础，附上用竹子或芦苇编制的骨胎，然后用与土壁中相同的材料灰泥涂抹，最后等灰泥完全干透后贴纸。如果灰泥没有完全干透，那么其湿气会对纸张非常不利。此外，墙壁四周会有涂黑漆的细长木条（1/4）。

土壁的工艺技法

土壁的内里骨架根据地域差异而不同，但同样会使用竹子或芦苇等编制的骨胎。首先，以纵横交错的方式，安装木条骨架，并用麻绳或棕绳固定竹橼。为了增强泥土的附着能力，一般会在横木表面锯出锯痕以增大接触面积。

土壁可以分为荒壁（粗墙，用灰泥涂抹的墙壁）、中涂（中间层的涂装）、上涂（最上面一层的涂装）三次完成。为了使土壁不至于太厚，因此第一步的厚度与横木厚度一致。在中涂阶段，会将在柱子周围的麻线、布垫及横木上的布涂抹进去。最后进行上涂作业。

有时，为了表现茶室的朴素，有的墙壁只做到中涂部分。

墙壁的工艺技法

图释
下张 ：糊裱的底子。
竖贯 ：竖木撑。
通贯 ：柱子之间的横木撑。
贯伏 ：贴在横木上的麻布。

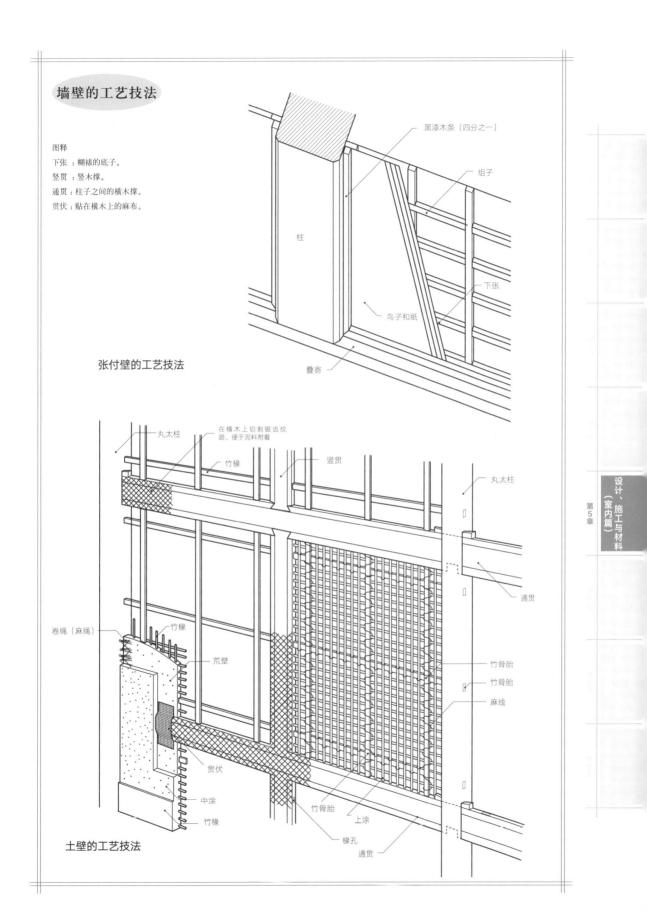

黑漆木条（四分之一）
组子
柱
下张
鸟子和纸
叠寄

张付壁的工艺技法

丸太柱
在横木上切割锯齿纹路，便于泥料附着
竹椽
竖贯
丸太柱
通贯
卷绳（麻绳）
竹椽
荒壁
竹骨胎
竹骨胎
麻线
贯伏
中涂
竹椽
竹骨胎
上涂
椽孔
通贯

土壁的工艺技法

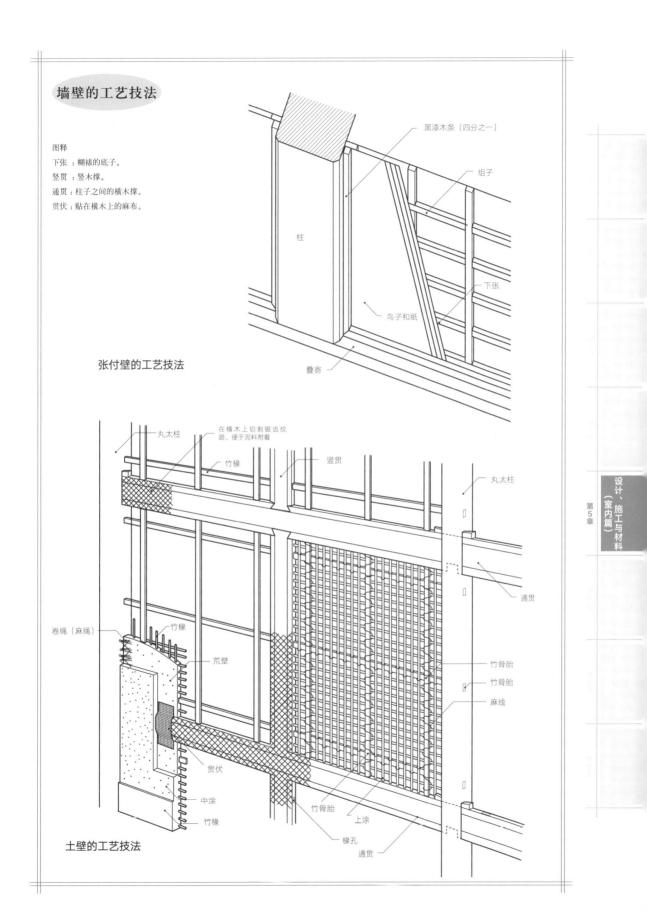

设计、施工与材料（室内篇）
第5章

071 壁土和加工的种类

Point 土壁的最后一道表面工序，除了通常的上涂外，还有切返、长苆散、引摺等。

茶室的壁土

壁土种类多种多样，名称也并不严格。

聚乐土是丰臣秀吉的聚乐第附近的泥土。现在这一带已经成为市区地带，只有在建筑施工挖地基时才会挖取这里的泥土。其他地区具有相似成分的泥土被称为"聚乐土"或"新聚乐土"，但是都没有严格的定义。

九条土是曾经在京都九条唐桥附近出产的黏土，又被称为鼠土。是一种带有些许青灰色的土。

其他的还有产自京都伏见稻荷山的黄土和红色的大阪土等。

土壁表层

土壁最外面的涂层工艺基本是用水混合土料完成的，也有混入糊土或树脂等新材料的。

"切返"是用抹刀多次来回涂抹并用秸秆、土、砂混合的泥料。切返完成就是中涂后的状态，但表面会有细小的稻草和秸秆外露。

"长苆散"工艺是用长约10厘米的秸秆铺散于墙表面，玉林院的蓑庵（见第110页）就是使墙面像有散落的松叶一样的设计。

"引摺"工艺不是用抹刀将墙的表面涂抹平滑，而是让抹刀一侧略微翘起，最后使墙表面有不规则的凹凸皱纹。

"锖壁"（锈墙），壁土中搀混了铁的成分，所以墙上有铁成分的部分会产生锈斑而变黑。

腰张

在土墙的下半部分贴纸的形式称为"腰张"。通常，点前座部分会贴一张（1段）白色的奉书纸，客人座的周围则会贴两张（2段）藏青色的凑纸。在窗户的窗槛上贴纸的工艺称为"总张"。

其他的腰张形式还有"反古张"，是用旧日历等有字的反古纸贴墙的方式。

土壁展示图

拉毛墙面

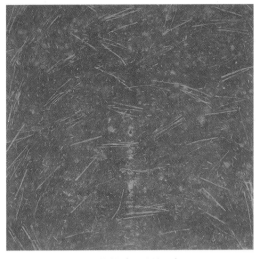

长苆散（稻草墙面）

腰张

一般来说，点前座部分会贴裱 1 段纸，客人座的部分会贴 2 段。

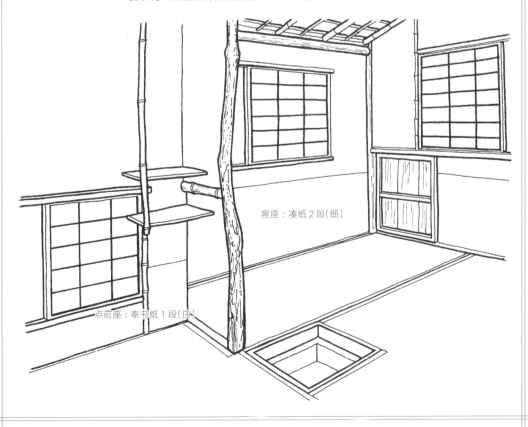

客座：凑纸 2 段(细)

点前座：奉书纸 1 段(白)

072 躙口

Point 躙口是将与茶有关的日常行为转换成非日常行为的装置。

躙口的诞生

据说千利休在淀川乘船顺流而下路过枚方一带的时候，看见河上渔夫从小小的出入口进出船舱，由此引发灵感而设计了躙口。（见第11页）。

武野绍鸥时，从走廊上拉开明障子就可以进入茶室内。那时的茶室外设有小庭院，所以可能也会有小门供客人出入。

这种小出入口，可以看作是进入非日常性的空间的屏障。"茶"是一种日常性的行为，所以躙口就成为将其转化为在非日常空间中的茶道行为的重要装置。

躙口的构成

躙口的门也称为"细户"，是高约77厘米、宽约73厘米的小木门。妙喜庵的待庵（见第210页）的躙口，高87厘米，宽79厘米，比一般的躙口尺寸大。

躙口由两张半木板组成，左右是竖栈[70]，下方安装下栈。板材接缝处有目板[71]，以两个横栈固定。另外在靠近门柱的一侧安装门把手，门内侧安装门环。这样的形式，是将类似于遮雨板的门板裁切成必要的尺寸。

躙口使用的门槛采用夹门槛的形式，这样可以防止雨水囤积。门框上端也是采用夹鸭居的形式，即上下都是用两根横木夹住拉门的形式。

另外，躙口上方会设立窗户，这是为了让入座的人有一个方向的采光，使人在昏暗的室内也能看清楚，尤其是使光照到躙口正对面设立的床之间上。

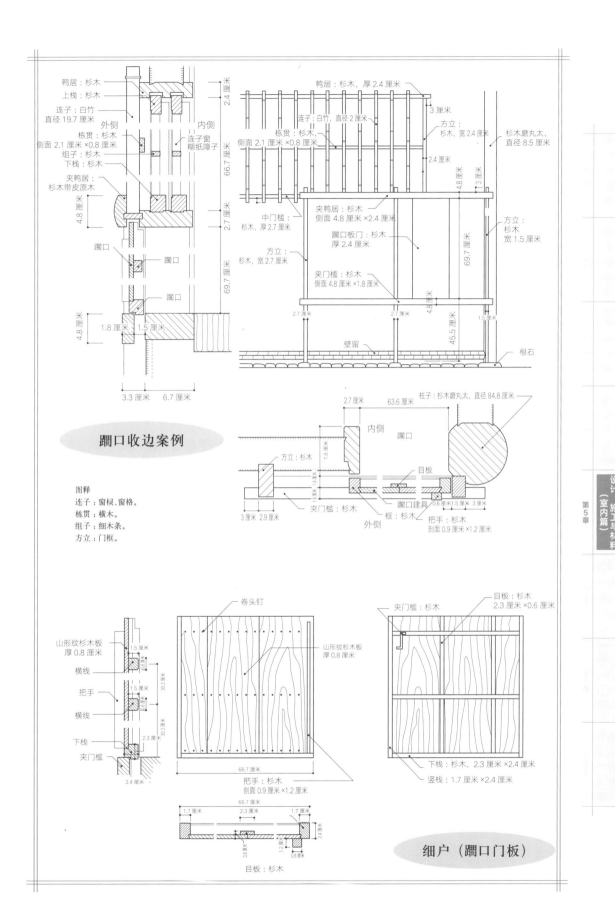

鸭居：杉木
上栈：杉木

连子：白竹
直径 19.7 厘米

2.4 厘米

外侧　　　内侧

栋贯：杉木
侧面 2.1 厘米 ×0.8 厘米
组子：杉木
下栈：杉木

连子窗
糊纸障子

66.7 厘米

夹鸭居：
杉木带皮原木

4.8 厘米

蹲口

蹲口

2.7 厘米

蹲口

蹲口

69.7 厘米

4.8 厘米

1.8 厘米　1.5 厘米

3.3 厘米　6.7 厘米

蹲口收边案例

图释
连子：窗棂、窗格。
栋贯：横木。
组子：细木条。
方立：门框。

鸭居：杉木，厚 2.4 厘米

3 厘米

连子：白竹，直径 2 厘米

方立：
杉木，宽 2.4 厘米

杉木磨丸太，
直径 8.5 厘米

栋贯：杉木
侧面 2.1 厘米 ×0.8 厘米

2.4 厘米

4.8 厘米
1.3

夹鸭居：杉木
侧面 4.8 厘米 ×2.4 厘米

方立：
杉木
宽 1.5 厘米

中门槛：
杉木，厚 2.7 厘米

蹲口板门：杉木
厚 2.4 厘米

69.7 厘米

方立：
杉木，宽 2.7 厘米

夹门槛：杉木
侧面 4.8 厘米 ×1.8 厘米

4.8 厘米

2.7 厘米　　2.7 厘米

1.5 厘米

45.5 厘米

壁留

根石

2.7 厘米　　63.6 厘米

柱子：杉木磨丸太，直径 84.8 厘米

内侧

7.8 厘米

蹲口

方立：杉木

目板

2.9 厘米
3.3 厘米

蹲口建具

框：杉木

把手：杉木
剖面 0.9 厘米 ×1.2 厘米

3 厘米　2.9 厘米

夹门槛：杉木

外侧

0.6 厘米×1.5 厘米× 3 厘米

卷头钉

山形纹杉木板
厚 0.8 厘米

1.5 厘米
0.8

山形纹杉木板
厚 0.8 厘米

横线

30.3 厘米

把手

1.5 厘米

横线

30.3 厘米

下栈

2.3 厘米

夹门槛

2.4 厘米

66.7 厘米

把手：杉木
剖面 0.9 厘米 ×1.2 厘米

66.7 厘米

1.7 厘米　2.3 厘米　1.7 厘米

2.4 厘米

0.8 厘米　1.2 厘米　0.9 厘米

目板：杉木

夹门槛：杉木

目板：杉木
2.3 厘米 ×0.6 厘米

下栈：杉木，2.3 厘米 ×2.4 厘米

竖栈：1.7 厘米 ×2.4 厘米

细户（蹲口门板）

073 贵人口

Point 贵人口，顾名思义，是为了迎接尊贵的客人而设置的出入口，同时也具备采光的功用。

贵人口

贵人口是用明障子做的客人出入口，特别是供地位高的贵客来访时使用。但是，因为草庵茶室的顶棚高度设定得都很低，所以就影响到门楣的高度尺寸也很低。

也有人认为，如果在面积小的客厅中设立了蹲口，就不需要再设置贵人口。在古代的有名的茶室中没有设置贵人口的情况也很多。但是也有很多只设置了贵人口，而不使用蹲口的著名茶室。在日本明治时代之后，随着文明的开化，追求明亮茶室的人越来越多，所以将贵人口兼用作采光的茶室就越来越多了。

在蹲口和贵人口并设的茶室中，很多茶室都是将两者设计为直角，这是在综合考量了茶室、庭院和水屋相连的动线的最佳方案。

贵人口的结构

贵人口使用的是可以透光的纸糊拉门。通常情况下，茶室贵人口都是两片拉门，但如果是小厅室，可能会只用一面拉门。拉门主要下部张贴了腰板的腰付障子和没有腰板的明障子两种。腰付障子的腰板高度对室内采光有很大的影响。腰板一般使用野根板（薄木板），再用竹片和木片分别在内外两侧加紧。

在广间茶室中是不怎么使用贵人口的，这是因为沿着入侧（走廊）设置的明障子已经起到了透光的作用。虽然没有明确的规定，但一般情况下客人会从最外的门进出茶室。另外，也有从院子直接进入茶室的形式。

近年来，有很多在贵人口外设置雨户（防雨门板）的情况。在这种情况下，墙面上就会安装户袋（防雨窗套）。这样的话那一侧的窗户就无法打开，这就会影响茶室的外观，所以需要仔细考量。

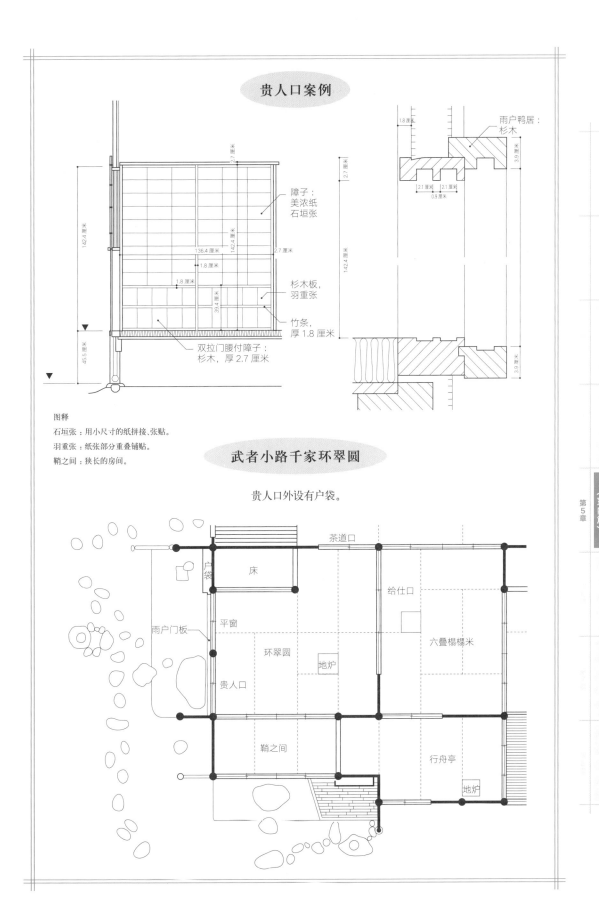

贵人口案例

雨户鸭居:
杉木

障子:
美浓纸
石垣张

杉木板,
羽重张

竹条,
厚 1.8 厘米

双拉门腰付障子;
杉木,厚 2.7 厘米

136.4 厘米
142.4 厘米
1.8 厘米
1.8 厘米
39.4 厘米
142.4 厘米
45.5 厘米
2.7 厘米
2.7 厘米

142.4 厘米
3.9 厘米
3.9 厘米
2.7 厘米
1.8 厘米
2.1 厘米
2.1 厘米
0.9 厘米

图释

石垣张:用小尺寸的纸拼接、张贴。

羽重张:纸张部分重叠铺贴。

鞘之间:狭长的房间。

武者小路千家环翠圆

贵人口外设有户袋。

户袋

床

茶道口

给仕口

六叠榻榻米

雨户门板

平窗

环翠圆

地炉

贵人口

鞘之间

行舟亭

地炉

茶道口和给仕口

Point 茶道口是供主人使用的出入口。给仕口是主人从茶道口不便于给客人送茶食时设置的出入口。

茶道口

茶室的出入口称为茶道口。茶道口的门楣最高170厘米，宽67厘米左右。

茶道口形式上一般以"方立口"或者"火灯口"居多。一般以方立口的形式规格更高。所以在两种形式都有的茶室中，茶道口采用方立口，给仕口采用火灯口的情况比较多。

茶道口的门板以边框涂成黑色的太鼓襖居多，通常是单片门扇，有时也有双扇门，也有根据构造而设计成推门形式的情况。

方立口由门框（方立）和上门槛（鸭居）组成，两者正面宽度都为3厘米左右。也有门槛比门框凸出3.3厘米左右的样式，突出的部分称为"角柄"。偶尔也有门框比门槛多出的情况。

火灯口的上部呈半圆形设计，以泥土涂抹，用圆弧形的门框内侧贴纸。

给仕口

通常在设有茶道口的茶室中才会设置给仕口，但也有因偏好而设计的情况。据说原本认为这样设计是错误的，但也应该根据茶室的性格来具体考量。给仕口尺寸原则上比茶道口小，一般的给仕口门楣高133厘米左右，宽67厘米左右。

一般来说火灯口的门扇上部为半圆形的太鼓襖形式。但也有像远州流[72]做成梯形的形式。

此外，还有将茶道口和给仕口做成双向拉门的设计。通常认为在建筑中将不同用途的门做成双向拉门的设计形式是不合理的。不过，在茶室中，尤其是在举行茶道的时候，也不会同时打开两扇门，所以这种设计也就变成可能了。

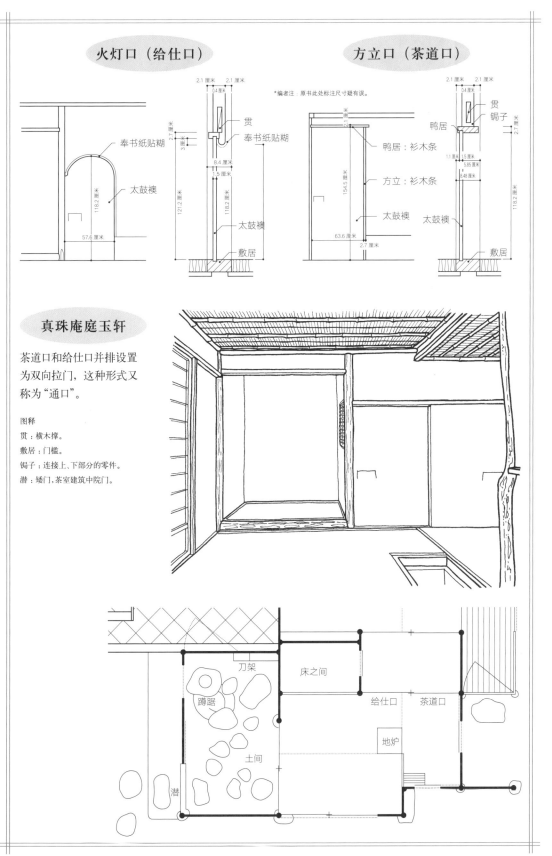

火灯口（给仕口）

奉书纸贴糊
太鼓襖
118.2厘米
57.6厘米

2.1厘米　2.1厘米
0.4厘米
贯
奉书纸贴糊
2.7厘米
3厘米
8.4厘米
1.5厘米
121.2厘米
118.2厘米
太鼓襖
敷居

*编者注：原书此处标注尺寸疑有误。

方立口（茶道口）

2.1厘米　2.1厘米
0.4厘米
贯
铞子
2.7厘米
鸭居
2.1厘米
鸭居：衫木条
方立：衫木条
1.1厘米　1.5厘米
5.85厘米
8.48厘米
太鼓襖
118.2厘米
154.5厘米
太鼓襖
63.6厘米
2.7厘米
敷居

真珠庵庭玉轩

茶道口和给仕口并排设置为双向拉门，这种形式又称为"通口"。

图释
贯：横木撑。
敷居：门槛。
铞子：连接上、下部分的零件。
潜：矮门，茶室建筑中院门。

刀架
床之间
蹲踞
给仕口　茶道口
土间
地炉
潜

设计、施工与材料（室内篇）
第5章

075 茶室中窗的种类

Point 最初的茶室是没有窗子的，只能通过出入口的明障子起到采光的作用。

窗与茶室内的光

在日本建筑中，窗是很少受到重视的部分。古代窗子有格子形的"连子窗"，禅宗建筑中常见的"花头窗"，住宅建筑中上半段窗可向外支起的"半蔀"等。而明障子则兼具出入口和透光窗的两个作用。在平民的住宅中，还有露出窗骨架的"下地窗"。

在最初的茶室中也是没有窗户的，出入口的明障子门也能起到采光的作用。在日本安土桃山时代，随着草庵茶室的诞生，窗户也出现在茶室中。那时，为了使室内采光的变化小，茶室的设计都是坐南朝北的，而窗户的出现使茶室的方向变得自由，但仍要认真考量窗的位置和形态。

连子窗和下地窗的出现，使墙面上开始出现多个窗户的形式。天窗被认为是日本建筑史上划时代的设计，也就是"突上窗"的形式。

窗的名称

茶室的窗户有各种各样的名称。"下地窗"和"连子窗"因其结构而得名，"突上窗"因打开的方式而得名，"风炉先窗"是根据位置而命名的，"墨迹窗"则因其功能而得名。另外织田有乐做的"有乐窗"，是用竹条编织的、让人在室内看不到外面的风景的特殊的窗户。

窗户的构成

茶室一般使用明障子做窗。通常明障子窗会比门做得薄，上、下边框和横木条厚度相同。现在用的障子纸尺寸大小没有具体的限制，但是以前的障子纸统一为宽31厘米、长43厘米左右，贴纸时会刻意保留接缝的痕迹。另外，明障子的横条通常使用的是被削薄的木条，但是在玄喜庵的待庵（见第210页）中使用的是竹条。

三溪园春草庵（九窗亭）

茶室内有 9 扇窗户。

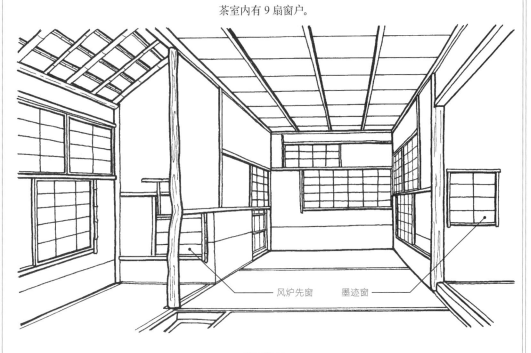

风炉先窗　　墨迹窗

使用竹条的障子窗

下地窗和连子窗

Point 下地窗是一种相对较小的窗户。当室内需要更多的采光时就会设置连子窗。

下地窗

下地窗的形式类似于筑构墙体骨架部分，是一种设计独特的小型窗户，也是农家住宅中常见的窗户形式。

下地窗的材料一般是带皮的芦苇秆。为了表现窗子的变化，窗子中的窗棂并不是单条的芦苇秆，而是同时用2~4条组合并随机排列的，通常纵向在外，横向在内。然后用3条左右的藤蔓将芦苇秆绑紧固定，而不是用缠绕的形式。也有像待庵（见第210页）那样用竹条穿插的形式。

也有在下地窗的外侧添加力竹（间柱）的情况，这是为了平衡外壁的结构，加强外墙的视觉效果，而不是作为支撑的功用性的构造。

另外，墙与下地窗的边缘轮廓并不是呈直角，而是做成平缓的圆弧。窗的内侧有明障子，安装方式有吊挂和单片拉窗的形式。窗户外侧挂有挂户（护窗板），采用上面两根、下面一根的折钉形式固定。使用茶室的时候会取下挂户。在进行茶事的时候，在初座阶段会利用外边的钉子挂上帘子。

连子窗

连子窗是竹窗格并排形式的窗户，且通常在其内侧会有供采光的明障子。连子窗相比下地窗要大得多，这是为了保证客人进入茶室时所需室内的亮度，并且使光线照亮床之间，所以连子窗一般设置在躏口的上部。

连子窗的窗格竹棱条宽度在2~2.3厘米，以10厘米左右的间距固定在上下门槛之间。窗子的中间装有横木撑（贯），但并不穿透竹子，而是在内侧，与间柱和窗框组成框架。横木撑约宽2.3厘米，厚0.8厘米。

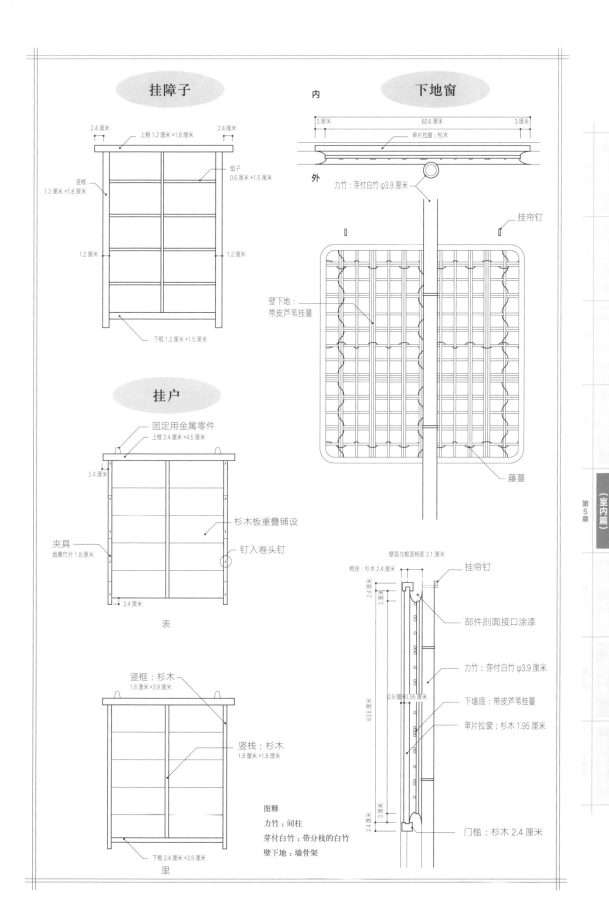

挂障子

2.4厘米　　　　　　　2.4厘米
　　　　　上框1.2厘米×1.8厘米

竖框
1.2厘米×1.8厘米

组子
0.6厘米×1.5厘米

1.2厘米　　　　　　　1.2厘米

下框1.2厘米×1.5厘米

挂户

固定用金属零件
上框2.4厘米×4.5厘米

2.4厘米

杉木板重叠铺设

夹具
烟熏竹片1.8厘米

钉入卷头钉

2.4厘米

表

竖框：杉木
1.8厘米×3.9厘米

竖栈：杉木
1.8厘米×1.8厘米

下框2.4厘米×3.9厘米

里

图释
力竹：间柱
芽付白竹：带分枝的白竹
壁下地：墙骨架

内　　　　　　　　　　　下地窗

3厘米　　　　　60.6厘米　　　　　3厘米

单片拉窗：杉木

外

力竹：芽付白竹 φ3.9厘米

挂帘钉

壁下地：
带皮芦苇挂蔓

藤蔓

壁面与框面相差 2.1厘米

鸭居：杉木 2.4厘米　　　　　　挂帘钉

2.4厘米
3厘米

部件剖面接口涂漆

力竹：芽付白竹 φ3.9厘米

0.9厘米×1.95厘米

下墙底：带皮芦苇挂蔓

63.6厘米

单片拉窗：杉木 1.95厘米

2.4厘米
3厘米

门槛：杉木 2.4厘米

077 窗户的种类

Point 突上窗、墨迹窗、风炉先窗，都是为了让茶室或部分区域更明亮而设置的窗户。此外，花明窗、色纸窗，则是设计感比较强的窗户。

突上窗

突上窗是天窗的一种，因为开窗时需向外顶起窗扇而被命名。因为设立在顶棚上，所以与其他相同面积的窗相比，可以向室内引入更多的光。

一般情况下突上窗都是在化妆屋根里天井的中央位置，位于垂木（椽子）上侧，夹在两侧细椽木之间，长度等同四格小舞[73]的间距长度。

突上窗内侧安装了可以向上拉的障子，窗的外侧安装了覆户（护窗板），用木棒可将其顶开。

墨迹窗

墨迹窗是在床之间设置的窗户，大部分都是下地窗的形式，窗内侧挂有障子。虽然有不少茶室设置了墨迹窗，但也并不是必须的，要根据床之间是否需要采光而定。

花明窗

花明窗是位于床之间内侧面的窗户，设置在靠近地板的位置，并且安装有展示花器的装置。虽然花明窗有增加床之间内明亮度的作用，但其更主要的功用在于凸显床之间中的景色。

风炉先窗

风炉先窗是在点前座的茶炉处设立的窗户，为此处引入光线，方便主人沏茶。一般情况下风炉先窗的内侧安装有可以拉开的障子，不过，此处的障子不能完全打开，而是只能开三成左右，因此又被称为"七三的窗"等。

色纸窗

色纸窗是设置在点前座位置的窗户，是由两扇尺寸不同的彩色障子构成，由古田织部设计。在采光的功能性方面，色纸窗更有助于营造茶室中的空间意境。

突上窗

化妆屋根里天井
内侧板

垂木

间垂木

摺上障子

野地板:杉木
樋受:桧木
丁番
铜板:一文字葺,防雨施工
野地板:杉木
中栈:杉木
装饰内板:羽重张
下枠:杉木
上枠:杉木

野小舞:杉木
化妆屋根里天井
内侧板
装饰内板:羽重张
重叠杉木板
小舞:大和竹
垂木:芽付白竹
摺上障子
间垂木:大和竹
重叠杉木板
下枠:杉木
面户板
野小舞:杉木
野地板:杉木
轩桁:杉木磨丸太
柱:杉木磨丸太

上枠:杉木
下枠:杉木
中栈:杉木

间垂木:大和竹
小舞:大和竹
摺栈:杉木
垂木:芽付白竹
装饰内板:羽重板
重叠杉木板

风炉先窗

图释
垂木：椽子、椽木，"间垂木"即椽木之间较细的椽木。
摺上障子：可向上开启的障子。
野地板：屋顶底板。
野小舞：屋顶椽木上的木条。
摺栈：下框。
丁番：铰链。
中栈：中间的横木撑。
枠：边、框。
下枠受木：下框承重木面户板。
轩桁：房檐横木。

窗槛:杉木,高2.1厘米

2.1厘米

横木

力竹:芽付白竹
直径3.9厘米

推拉障子:杉木,
高1.8厘米

1.8厘米

窗格:带皮芦苇
秆,藤蔓

51.5厘米

内   外

木条:杉木
0.45厘米×1.06厘米

圆弧面

固定板24厘米

2.1厘米

横木

30.3厘米

51.51厘米

166.7厘米

40.9厘米

2.1厘米   4.2厘米

*编者注：原书此处标注尺寸疑有误。

078 窗户的功能

Point 茶室中的窗户最主要的功能是采光。有乐窗则既可以采光，又可以控制光的进入。

窗户的功能

茶室中的窗户与普通窗户的功能有些许不同，因为在举办茶会时，茶室中的人是不能向外眺望的。所以在茶室中，相比开放型的窗户，茶室内部所挂的障子窗户的功能除了采光外，还可以使室内外空气流通，在设计上也可以使茶室独具创意。

特别是在四面墙壁包围的茶室空间中，窗户的采光作用是最重要的。正如前面所说（见第100页），在平面布局上，窗的位置有重要的意义。

窗的采光方向

小型客厅的茶室是封闭性的、被墙包围的空间。所以在其中设置的窗户，是决定茶室内各位置明暗的重要因素。比如一般来说，客人座旁的窗户面积会很大，点前座旁的窗户则比较小。那是因为光线从客人方向引向主人方向的话，会比较方便客人看清主人的位置和动作。而如果是相反的情况，那主人沏茶的样子就变成一团黑影，使人难以分辨。虽然也有在点前座一侧设置色纸窗的情况，但这时，就需要比色纸窗更明亮的窗户被设置在客座的一侧，使光照向点前座。

有乐窗

织田有乐的如庵（见第216页）中，就有一间仔细考量了光线作用的茶室，在点前座旁边的墙面上安装了有乐窗。通常的窗户，无论如何也难以避免引入过多的光线，造成逆光的问题。而有乐窗就很巧妙地控制着进入的光线。

有乐窗，是在外侧用竹材紧密排列的窗户形式。这个独特的设计，使有乐窗在窗纸上映出美丽的竹的轮廓。另一方面，被有乐窗竹子遮挡后的光，经竹子表面的反射后进入室内，会在一定程度上弱化。另外，风炉前面的壁板上有火灯口状的开口，也可以照亮点前座，并维持光的平衡。

如庵

有乐窗抑制了光的引入，点前座和客人座两处的窗可以保持茶室内光的平衡。

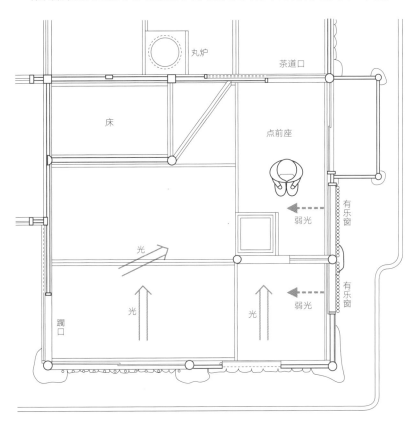

丸炉

茶道口

床

点前座

有乐窗

弱光

光

光

光

有乐窗

弱光

蹲口

有乐窗

有乐窗的内侧（左图）和外侧（右图）采光。

障子、挂雨户、襖

Point 茶室的门窗有可以把房间隔开，也使室内外的界限变得模糊。

障子

茶室中所用的障子在最开始是在客人出入口处，与舞良户[74]等一起使用，起到采光的作用。

草庵茶室中，客人的出入口设为躙口，所以室内变暗，需要额外设置障子型的窗户，引入室外的光。下地窗上挂障子或使用单项横拉的障子，连子窗与其不同之处是使用双向拉开的障子。障子的骨架边框、窗棂（栈）所用材料一般为杉木和花柏木。但妙喜庵的待庵（见第210页）中，窗棂使用的材料为竹条。此外，障子中所用的障子纸，一般情况下选用的是质地强韧、色泽均匀、透光性好的美浓纸。

挂雨户

下地窗和连子窗的外侧会安装挂雨户[75]。一般来说，其安装方法是在窗子上框安装挂环，下部使用折钉。在挂雨户的制作过程中，采用的是横向木纹的杉木板和纵向丁煤竹片。

襖

广间茶室中的门扇——襖，多是用唐纸糊裱而成。宣纸，最初由中国传入日本，不久之后日本便可以自行生产。还有一种常用的纸是在木版雕刻上文案，涂上云母和颜料后印在纸上形成的花纹纸。因其常用于茶室门窗，所以有时也将这种纸材称为"襖"。

太鼓襖

小座敷茶室的茶道口和给仕口多使用太鼓襖。太鼓襖通常是将纵横交错的窗格骨架上裱糊奉书纸，与一般的门扇不同的是，太鼓襖省略了上下两侧的涂框。另外，太鼓襖的把手为内凹型，但也随木匠的流派等而不同，如还有内外都做成塵落[76]形式的，或内侧塵落、外侧塵受[77]形式的等。

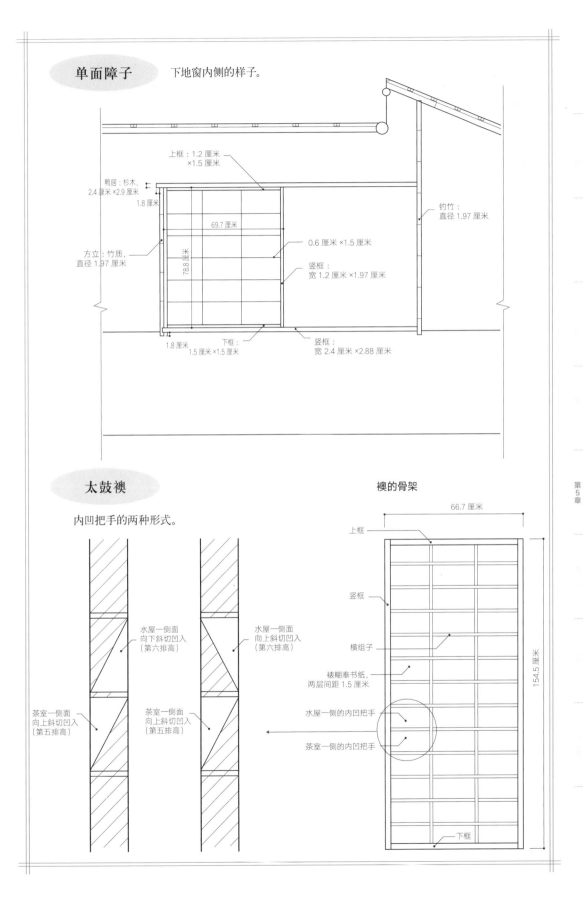

单面障子 下地窗内侧的样子。

上框：1.2 厘米 ×1.5 厘米

鸭居：杉木，2.4 厘米 ×2.9 厘米

1.8 厘米

69.7 厘米

78.8 厘米

方立：竹质，直径 1.97 厘米

0.6 厘米 ×1.5 厘米

竖框：宽 1.2 厘米 ×1.97 厘米

钓竹：直径 1.97 厘米

1.8 厘米

下框：1.5 厘米 ×1.5 厘米

竖框：宽 2.4 厘米 ×2.88 厘米

太鼓襖

襖的骨架

内凹把手的两种形式。

66.7 厘米

上框

竖框

横组子

裱糊奉书纸，两层间距 1.5 厘米

154.5 厘米

水屋一侧的内凹把手

茶室一侧的内凹把手

下框

水屋一侧面向下斜切凹入（第六排高）

水屋一侧面向上斜切凹入（第六排高）

茶室一侧面向上斜切凹入（第五排高）

茶室一侧面向上斜切凹入（第五排高）

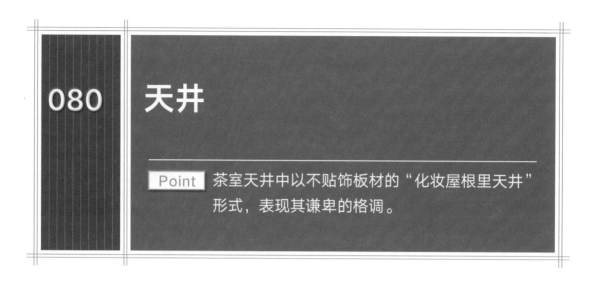

Point 茶室天井中以不贴饰板材的"化妆屋根里天井"形式，表现其谦卑的格调。

茶室空间的天井

初期的茶室中，天井的形式以竿缘天井为主。草庵茶室诞生之后，才逐渐有了多种复杂的顶棚形式。为了让空间富于变化并且看起来更宽阔，茶室中还形成了竿缘天井和化妆屋根里天井组合的顶棚形式。

草庵茶室的顶棚一般使用平天井和比平天井低一段的落天井，此外使用化妆屋根里天井的也很多。

一般来说，茶室中的平天井被视为是规格较高的空间，落天井的规格比其低，化妆屋根里天井被认为是规格等级最低的顶棚形态。化妆屋根里天井是裸露屋顶架构且有一定斜度的顶棚形式，象征谦卑与朴素。不过，为了使茶室外观看起来安稳牢靠而降低屋顶高度，也会影响茶室内部的顶棚形态。因此，也不能仅凭顶棚就单纯判断出空间的上下等级关系。

天井的种类和材料

平天井多为竿缘天井，常用野根板、竹席铺排，或使用香蒲和芦苇等植物材料编排。竿缘常使用的木条，此外还经常使用竹材。回缘常用的材料有木条、香节木和带皮的赤松木等。

落天井所用的材料与平天井差不多，但为了表现其素朴，更多会使用香蒲和芦苇材料。

在化妆屋根里天井上，则以裸露的屋顶架构来表现。常用的形式是用竹、小丸太或带皮的杂木丸太等材料的椽子上部架小舞，然后以野根板铺设。小舞是用两根大和竹为一组或者用木条制成的。另外，椽子配置的间隔为50厘米，然后在椽子间隔中安装大和竹制成的间椽木，最后用藤蔓捆绑固定。

另外，平天井和化妆屋根里天井连接组合起来的形式称为"挂天井"，但也有单指化妆屋根里天井的情况。

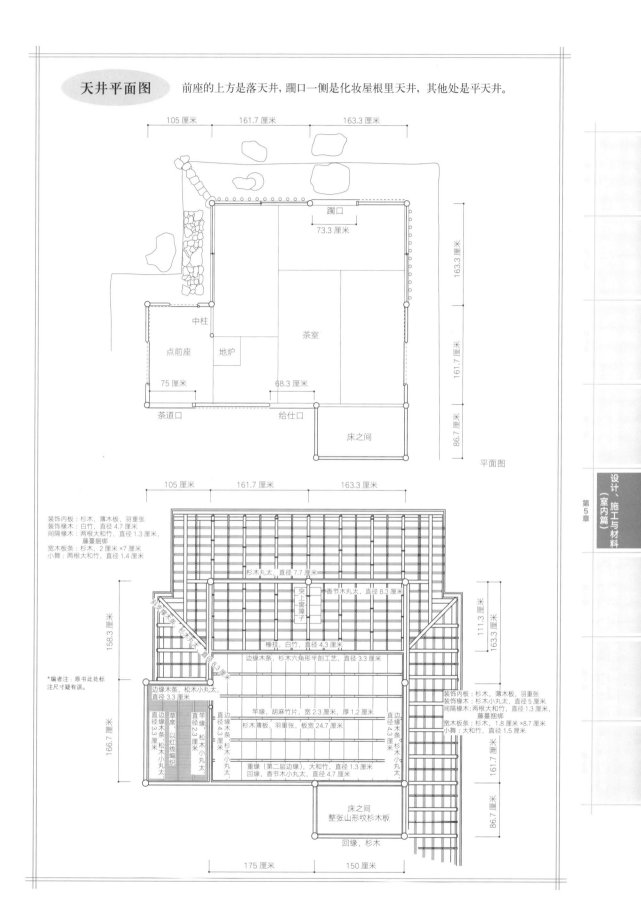

天井平面图 前座的上方是落天井，躏口一侧是化妆屋根里天井，其他处是平天井。

105 厘米　161.7 厘米　163.3 厘米

躏口
73.3 厘米

163.3 厘米

中柱

茶室

点前座　地炉

75 厘米　68.3 厘米

161.7 厘米

86.7 厘米

茶道口　给仕口

床之间

平面图

105 厘米　161.7 厘米　163.3 厘米

装饰内板：杉木，薄木板，羽重张
装饰椽木：白竹，直径 4.7 厘米
间隔椽木：两根大和竹，直径 1.3 厘米，
藤蔓捆绑
宽木板条：杉木，2 厘米×7 厘米
小舞：两根大和竹，直径 1.4 厘米

杉木小丸太，直径 7.7 厘米

突上窗障子

香节木小丸太，直径 8.3 厘米

棰挂，白竹，直径 4.3 厘米

边缘木条，杉木六角形半剖工艺，直径 3.3 厘米

111.3 厘米

163.3 厘米

158.3 厘米

*编者注：原书此处标注尺寸疑有误。

边缘木条，松木小丸太，直径 3.3 厘米

边缘木条，杉木，直径 3.3 厘米　草席，以红线编织　直径 2.3 厘米　松木小丸太　竿缘，松木小丸太　边缘木条，杉木，直径 4.3 厘米

竿缘，胡麻竹片，宽 2.3 厘米，厚 1.2 厘米

杉木薄板，羽重张，板宽 24.7 厘米

重缘（第二层边缘），大和竹，直径 1.3 厘米
回缘，香节木小丸太，直径 4.7 厘米

边缘木条，杉木小丸太，直径 4.3 厘米

装饰内板：杉木，薄木板，羽重张
装饰椽木：杉木小丸太，直径 5 厘米
间隔椽木：两根大和竹，直径 1.3 厘米，
藤蔓捆绑
宽木板条：杉木，1.8 厘米×8.7 厘米
小舞：大和竹，直径 1.5 厘米

166.7 厘米

161.7 厘米

86.7 厘米

床之间
整张山形纹杉木板

回缘，杉木

175 厘米　150 厘米

081 | 天井的构成

> **Point** 一般情况下，茶室的天井由三种不同的形式混合组成，但也有两种组合的形式或只用一种形式的天井。

天井的三段构成

草庵茶室的天井多以三种不同形式的天井组合而成，称为"三段构成"。如客人座侧、床之间前的平天井，躏口处为化妆屋根里天井，点前座处为落天井。与点前座处的天井相比，客人座位置的天井要高，这是一种使客人显得尊贵的表达形式。

此外，客人座的躏口上方一般使用的是化妆屋根里天井。从外观上看，这种设计是必然的。以天井的形态角度而言，这也是能体现出谦卑的设计。但是，空间的尊卑关系还是要综合客座的大小等整体性规划来考虑。

顶棚也常以真行草来分类。从形态上看，平天井属于"真"，落天井为"行"，化妆屋根里天井可视作为"草"。如前所述，这种分类也并不一定是空间尊卑关系的表达。

其他类型天井的构成

全部都使用化妆屋根里天井的茶室，有里千家今日庵（见第224页）和西翁院淀看席（见第110页）等。这种形式的茶室也体现了侘寂茶道简朴的精神风貌。点前座上方和客人座上方的顶棚连在一起的茶室，有慈光院高林庵（见第110页）和薮内家的燕庵（见第218页）等。这种天井的设计，是要表达客人和主人在空间上平等互待的意思。另外中柱和袖壁构成的竖向墙面和天井成直角，给人清晰、简练的印象，是一种非常优秀的设计。

现代的茶室为了确保天井能够有一定的高度，会在化妆屋根里天井和平天井相接的边缘，或平天井和落天井相接的边缘处设置下降的墙壁（下壁），称为暖帘壁。暖帘壁原本是没有任何功能的，但当出现在点前座空间和客人座空间的边界处时，暖帘壁就有了分隔空间的效果。

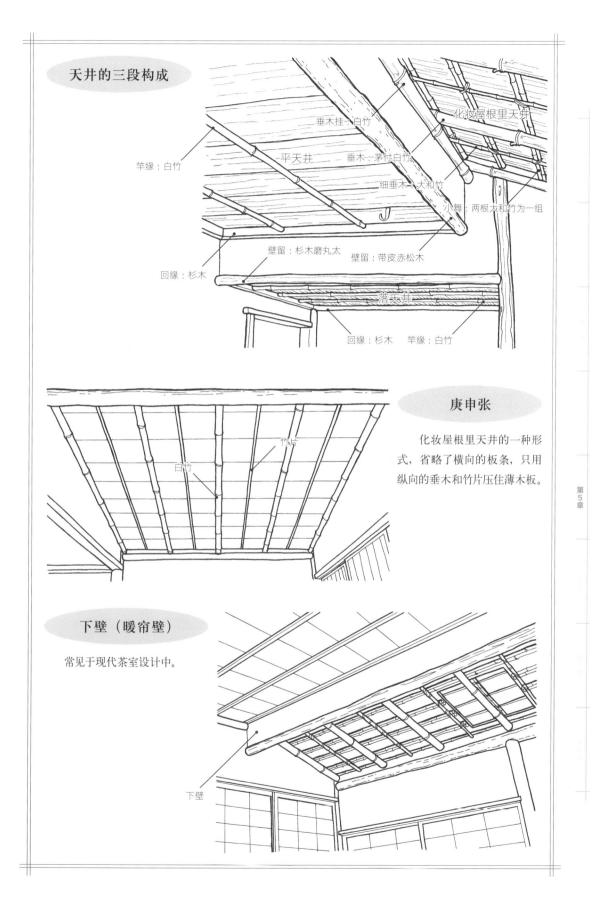

天井的三段构成

竿缘：白竹

平天井

垂木挂：白竹

化妆屋根里天井

垂木-：茅付白竹

细垂木：大和竹

小舞：两根大和竹为一组

壁留：杉木磨丸太

壁留：带皮赤松木

回缘：杉木

落天井

回缘：杉木　竿缘：白竹

白竹

竹片

庚申张

化妆屋根里天井的一种形式，省略了横向的板条，只用纵向的垂木和竹片压住薄木板。

下壁（暖帘壁）

常见于现代茶室设计中。

下壁

短评⑤

照明、空调等茶室设备

如何设置照明器具和空调等现代化设备的问题，是茶室设计中要考虑的重要因素。

在原本的茶室设计中是不包含这种现代化设备的，所以从原则上来说，这些也是可以舍弃的。但是，如果一定要设置这些设备的话，在这里也可以进行简单的介绍。

首先在照明上，小座敷茶室的顶棚高度较低，所以很难应用吊灯类的照明设备。这时立式的台灯就成为比较好的选择。而在广间等顶棚比较高的茶室中就没有这样的限制。床之间中的装饰品，一般是借助自然光或烛光进行观赏，但近年来采用照明设备的情况也比较常见。此外也有在突上窗处安装照明器具的情况，这是为防止出现突上窗处漏雨的情况所采取的一种逆向设计的方法。

近代的建筑家们为了茶室的照明设计可谓是费尽心思。村野藤吾设计了在网格顶棚的间隙中设置灯具的光天井。堀口舍己和谷口吉郎等人则将顶棚的下壁做成格窗形式，并在其内侧装照明灯具。

空调一般设置在广间茶室床之间旁边的地袋中。小型的座敷茶室缺少可以隐藏空调的地方，所以就需要在顶棚的角落等地设置风口。

近年来，在封闭性的建筑中也常常设有茶室，这种情况下如果仍然使用从前的炭炉的话，会有一氧化碳中毒的危险。所以在这种茶室中就必须使用电炉。

第 **6** 章

设计、施工与材料
（点前座·水屋篇）

082 点前座

Point 在四叠半茶室中，点前座通常被当作茶室中与客人座共享的空间。

茶汤之间与点前座

追溯历史可知，从前的"茶汤之间"是主人真正点茶所在的房间，位于茶室侧室。主人点茶后才能将茶送进茶室，所以茶汤之间备有很多的工具及装工具的货架。

不久之后，出现了宾主同座的茶室设计，即在有客人所在的座敷中点茶的形式。这就需要将一套工具事先放置在茶室中的装饰桌台上，主人可在那里直接点茶。后来，主人在客厅中点茶的区域就逐渐演变成专门的点前座。点前座的出现，一方面满足实用性需求，另一方面可以使人观赏茶道及其用具。这也就是书院的桌台式茶道。

此后，出现了茶道开始之前才将茶道用具搬出来的运点前形式，所以茶道用具被限定在保留最必不可少的部分之内。这就使茶道用具观赏的意义减弱，而更侧重实用性。

四叠半座敷茶室的点前座

四叠半茶室中的点前座通常与客人座设置为相同的空间。也就是说，点前座的位置并不比客人座小，且顶棚也被设定成相同的高度。四叠半茶室的大小和形态起源于印度维摩居士的方丈空间的设计，有包含一切的意思，以表现强烈的平等观。

四叠半茶室的点前座一般使用丸叠（丸叠就是一叠的榻榻米（见第84页）），主人的座位位于居前的下半部，道具叠位于丸叠的上半部。道具叠也就是放置茶道用具的地方，占丸叠的一半大小，有可以设置台子的空间。这是曾经在书院中流行的桌台式茶道，用以举行规格较高的茶道仪式。当然，在此举行运点前茶道也是可行的。

从客人座处（床之间前）看点前座

里千家又隐：从客人座到点前座设有洞库，但非常简洁。

复原千利休三叠大目：从客人座到点前座

点茶的方式被隐藏，所以不便观赏。点前座与次之间等级一致。右图的火灯口是给仕口。

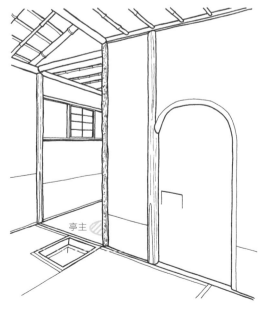

淀看席：从客人座到点前座

宗贞围（道安围），如果关闭火灯口则成为次之间。

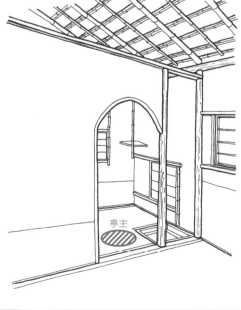

第1章　茶道的魅力

第2章　茶道文化

第3章　茶室与茶苑

第4章　茶室空间的平面配置

第5章　设计、施工与材料（室内篇）

第6章　设计、施工与材料（点前座·水屋篇）

第7章　设计、施工与材料（外观篇）

第8章　古今茶室名作

083 大目构

> **Point** 大目构的点前座是大目叠，其中的中柱和袖壁围成了主人座的空间。

大目叠

在茶室建筑中，大目叠是一种为表现主人的谦虚而设计的茶室形式。在这种茶室中，空间的等级与面积相关。也就是说建筑中的等级与面积的大小成正比，等级高则面积大，等级低则面积小。

所以在大目叠茶室中，为了表现主人的谦虚，主人座的位置一定会比客人座空间设计得小。即使半叠的榻榻米也可以坐得下。为了便于主人沏茶，点茶座也是设计长度为3/4叠的大目叠。

另外，在不使用桌台的前提下，大目叠也可以是除去桌台空间的形式。这种不使用桌台的大目叠形式，更能表现茶室空间的侘寂精神。

大目构

大目构是在大目叠旁设立袖壁和中柱，且通常在内侧设有吊架。

大目叠可以使用袖壁区隔空间，进一步表明点前座是低一级的空间。这种形式是由过去茶室中较低等级的茶汤之间发展而来的，成为一种为沏茶而存在的次之间。

大目构与客座都是茶室内部的空间，但同时可以理解为大目构是一个独立的空间。与用厚厚的墙壁隔开房间的西洋建筑不同，大目构是日本建筑中特有的暧昧空间的形式。

细川三斋称，大目构是由千利休始创的。千利休在建造大阪的深三叠大目（见第214页）茶室时设计了大目构，但是与后来的大目构稍有差异的是当时的大目构袖墙下部直接连到地板，次之间的特性。

180 图解日式茶室设计

大目构的天井

右图中的点前座处为落天井的形式，以表现主人谦虚的品格。落天井的做法多种多样。

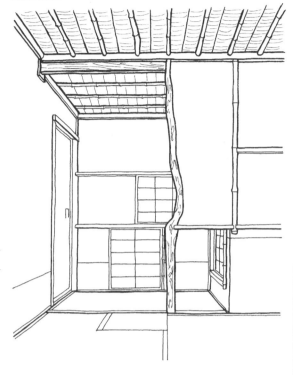

左图中的点前座与客座处的天井连为一体，中柱和袖壁的设计给人简约的印象。

右图中的点前座为落天井，但以下壁（暖帘壁）作区隔，使点前座成为次之间，或有展示台的感觉，在近代茶室中这种设计是比较常见的。

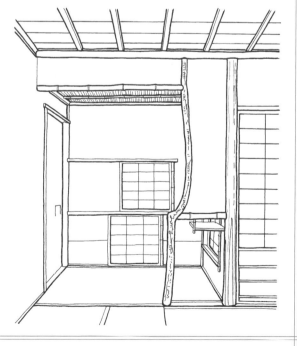

第1章 茶室的魅力

第2章 茶道文化

第3章 茶道与茶苑

第4章 茶室空间的平面配置

第5章 设计、施工与材料（室内篇）

第6章 设计、施工与材料（点前座·水屋篇）

第7章 设计、施工与材料（外观篇）

第8章 古今茶室名作

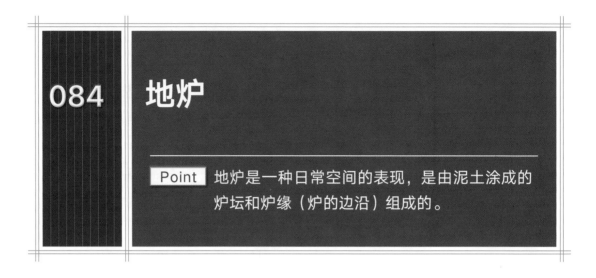

084 **地炉**

> **Point** 地炉是一种日常空间的表现，是由泥土涂成的炉坛和炉缘（炉的边沿）组成的。

朴素的表现

茶室的地炉是由在民宅中设置的"围炉里[78]"发展来的。从当时的绘画资料中可以看出，地炉不仅在民宅中使用，在寺院或武士的居所中也有使用。但地炉并不会设置在正式的座敷（客厅）里，所以说到底，地炉就是日常生活空间中普遍而常见的生活用具。所以茶室中使用地炉烧泡茶的水，正是一种质朴的表现。

地炉的结构

在茶室里设置的地炉，现在的边长一般约46.7厘米，这是现存茶室中的大部分地炉尺寸，这是从日本安土桃山时代开始演化而来的。但是，千利休在1582年建造的待庵(见第210页)中，地炉的尺寸约为44.8厘米，这是地炉尺寸还没有一定标准时的作品。

还有被称为"大炉"的尺寸较大的地炉。里千家的咄咄斋次之间中，使用的是边长为60厘米的地炉，所以这个次之间又被称为"大炉之间"。

地炉是用泥土涂抹的炉坛和炉缘组成的。炉坛是由专门的炉坛师做的，是在木制的外箱中涂抹泥料制成的。炉坛制作有微小的差异，炉火燃烧的形态也会有所不同。炉坛周围装足固以固定。由于炉缘的尺寸也是固定的，所以现在的人们会根据茶会的主旨而选择需要的地炉。在公共的茶室里，使用者也会根据兴趣和喜好来携带不同的地炉。

地炉的周边

在向切和隔切的地炉中，在"风炉先"和"叠寄"之间会放入6~6.7厘米的小木板，主要使用杉木板或松木板。

炉内装灰、放五德[79]，再置入茶釜。另外，还可以从顶棚上挂吊釜，这就需要在地炉上方的顶棚上打蛭钉。

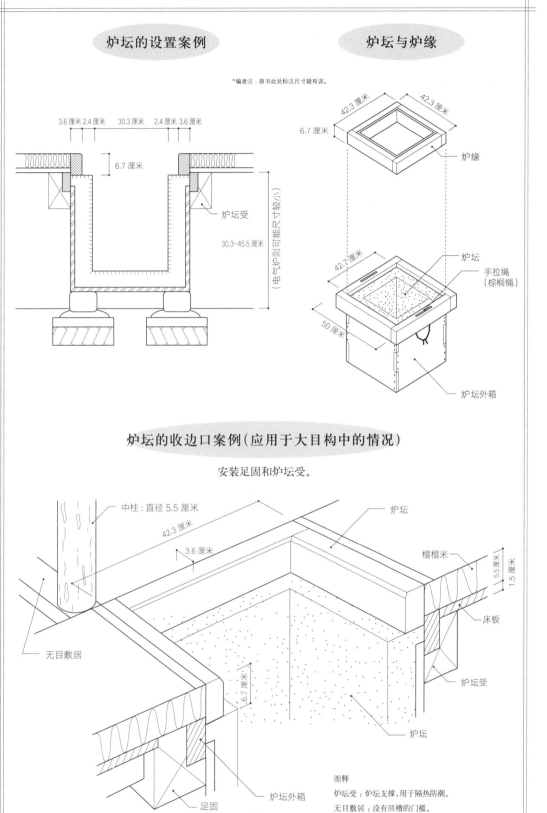

炉坛的设置案例

*编者注：原书此处标注尺寸疑有误。

3.6厘米　2.4厘米　30.3厘米　2.4厘米　3.6厘米

6.7厘米

炉坛受

30.3~45.5厘米

（电气炉则可能尺寸较小）

炉坛与炉缘

42.3厘米　42.3厘米

6.7厘米

炉缘

42.7厘米

炉坛

手拉绳（棕榈绳）

50厘米

炉坛外箱

炉坛的收边口案例（应用于大目构中的情况）

安装足固和炉坛受。

中柱：直径5.5厘米

42.3厘米

3.6厘米

炉坛

榻榻米

5.5厘米

1.5厘米

床板

无目敷居

6.7厘米

炉坛受

炉坛

足固

炉坛外箱

图释

炉坛受：炉坛支撑，用于隔热防潮。

无目敷居：没有凹槽的门槛。

第1章 茶室的魅力

第2章 茶道文化

第3章 茶室与茶苑

第4章 茶室空间的平面配置

第5章 设计、施工与材料（室内篇）

第6章 设计、施工与材料（点前座·水屋篇）

第7章 设计、施工与材料（外观篇）

第8章 古今茶室名作

中柱及其周围

> **Point** 中柱可以是笔直的，也可以是中间部分有弯曲的。

中柱

当点前座是大目构形式的时候，通常会在地炉的一角设立中柱，其直径一般为6厘米，比一般的柱子细，设置在无目敷居（没有凹槽的门槛）上。中柱所用的材料或是笔直的，或是腰部弯曲的。而对于中柱的周边设置，千利休流派和武家流派在材料和处理方式上都有一定的差异。

千利休流派中一般是用赤松皮的直木材。但使用弯曲木材做中柱的茶室也很多，这是由古田织部（见第42页）设计出来的，这种中柱也被称为"曲柱"。这类曲柱是考虑了从客人的角度看点前座时的景致的意趣风味性。另外一方面，考虑曲柱在应用时能便于在点前座的主人与客人对视。

袖壁

通常情况下，大目构的袖壁下部都是空的。但是千利休设计建造的大阪屋敷的深三叠大目（见第214页）茶室中，袖壁的下部使用泥土涂抹封住。从后来的演变来看，这是一种特例。在挑空袖壁的下部是无目敷居。而在无目敷居上方，也就是袖壁的下部设有壁留（收边的木条或竹条），大约在距离地面73厘米的地方。利休流派通常使用竹制壁留，但在小间（四叠半的茶室）中，通常使用5厘米的木板条。在武家流派中，壁留通常使用杉木等木材。另外，在壁留稍微靠上的位置，会在中柱上打一根袋钉，千利休流派是兜巾（方顶）形，武家流派则用折钉。

二重棚

在大目构的袖壁内侧，通常会悬挂有二重棚。千利休流派的上下两层架子大小相同，下层架子的位置在壁留的下方。武家流派的二重棚称为"云雀棚"，是上层比下层大的形式，下层架子设置在壁留的上面，这样客人是看不见架子的。

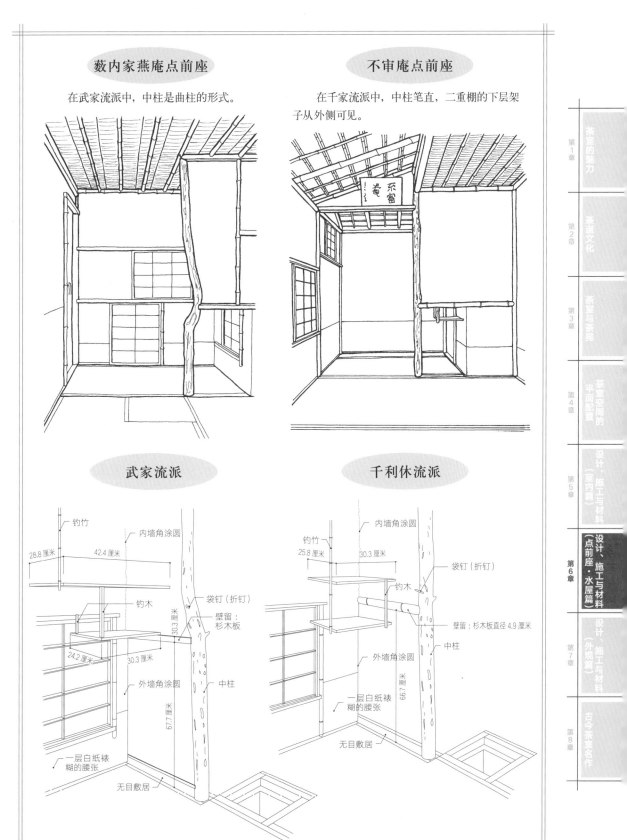

薮内家燕庵点前座

在武家流派中，中柱是曲柱的形式。

不审庵点前座

在千家流派中，中柱笔直，二重棚的下层架子从外侧可见。

武家流派

钓竹
内墙角涂圆
28.8厘米
42.4厘米
钓木
袋钉（折钉）
壁留：杉木板
30.3厘米
24.2厘米
30.3厘米
外墙角涂圆
中柱
67.7厘米
一层白纸裱糊的腰张
无目敷居

千利休流派

钓竹
内墙角涂圆
25.8厘米
30.3厘米
袋钉（折钉）
钓木
壁留：杉木板直径4.9厘米
中柱
外墙角涂圆
66.7厘米
一层白纸裱糊的腰张
无目敷居

第1章 茶室的魅力

第2章 茶道文化

第3章 茶室与茶苑

第4章 茶室空间的平面配置

第5章 设计、施工与材料（室内篇）

第6章 设计、施工与材料（点前座·水屋篇）

第7章 设计、施工与材料（外观篇）

第8章 古今茶室名作

086 水屋

Point 像现在这样的设置了水屋架和流水池的建筑中，玉林院的蓑庵 (18 世纪中期) 算是一个古老的例子了。

水屋的起源

虽然水屋的起源并不明确，但一般认为在会所中设置的茶汤之间可能是其起源之一。在茶汤之间中，设有茶汤棚架，主人会先在茶汤棚架处点茶，再将茶端至客人聚集的房间里去。

之后出现了在客厅内直接点茶的形式，点茶前再将茶具搬进茶室的"运点前"形式也相继出现，水屋就应需诞生了。虽然茶汤之间与后来的水屋不完全相同，但相对于客厅都是等级规格较低的，其性质是近似的。

在山上宗二传下来的书中可以看出，武野邵鸥四叠半茶室中就有了水屋的雏形——准备用水、清洗茶具的地方。且当时的水屋中大概是铺着竹席的，并设置了存放茶具的地方。很快，开始在当时的水屋空间中设置棚架，这与现在的水屋已经有很相近的形态了。千利休的聚乐屋被认为是最早在水屋中设置棚架的例子，是一种在架板上加横木的双层棚架。

经典案例

前面提到的古时的水屋现在只剩下记录了，在残留下来的古代建筑中，有以下几个典型的案例。

西芳寺湘南亭的次之间中，设置了一间带有水池、大炉、临时置物架和水张口[80]等设施的水屋。在曼殊院八窗席(见第108页)茶室中只在厨房内设置了水池，成为非常简单、朴素的水屋。后水尾上皇喜好的水无濑神宫灯心亭(见第222页)，是在壁橱中设置了水屋架子。

另外，目前在水屋中配置了棚架和流水池的遗留的茶室建筑中，玉林院蓑庵(见第111页)的水屋算是较古老的例子。

西芳寺湘南亭水屋

水屋中设有水池、大炉、临时置物架和水张口等。

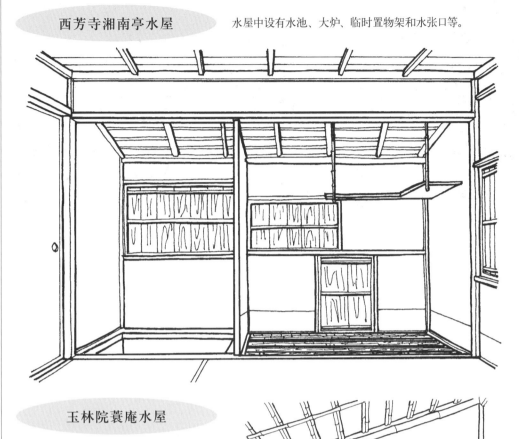

玉林院蓑庵水屋

水屋中设有流水池和棚架，与现代的
水屋形式相同（右图）。

水无濑神宫灯心亭水屋

水屋的壁橱里设有架子。虽然是设置
在外面看不见的地方，但仍是非常讲究的设
计（下图）。

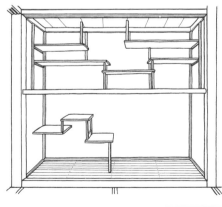

水屋的构成

水屋的要素

水屋中有举行茶道和清洗茶道工具所需的水池、摆放茶碗和柄杓等物品的簧子棚（席子架）及摆放其他物品的通棚，此外还有圆炉、木炭盒、橱柜等。

水屋的水池

水屋的水池中，除竹质的席子外，在其下方是用铜板做成的称为"落"的部分。此外，在竹席上方，有一件用来接住溅出的水的腰板，并被钉进竹钉。竹席是在横木条上钉竹条制成的，为了使钉子不会弄伤器皿，钉子都是倾斜着钉入的。腰板（裙板）上需要挂茶巾、茶带、柄杓等茶道用具，所以也会在上面钉入竹钉。

竹席上放着水瓮，里面盛满了从水井中打来的水。但在现代，因为不能使用井水，所以要设置自来水管，将水注入水瓮。

簧子棚

在水屋棚架里最下面的架子是簧子棚，是在横木上以竹条整排排列制成的，可起到滤水的作用。席子架通常是用竹条和细窄的木板条组合的形式制成的。席子架的宽度一般就是水屋的宽度，但也有水屋宽度一半的情况。在一半宽的情况下，可以在另一端附加支撑的力板。茶碗、柄杓等湿的用具可以摆放在席子架上。

通棚

通棚就是占满水屋宽面的架子，也就是其宽度与水屋宽度一致，可以设置一层到三层。通常是在架子前后都设横木，然后在上面贴杉木板的形式，可放置包括炭斗[81]、香合、茶杓、茶入等物品。

二重棚

在通棚只有一层的情况下，其上部角落处通常会设置二重棚，其尺寸为宽29厘米，进深27.3厘米，架子板厚度在1.3厘米左右，两层板间隔20厘米左右。

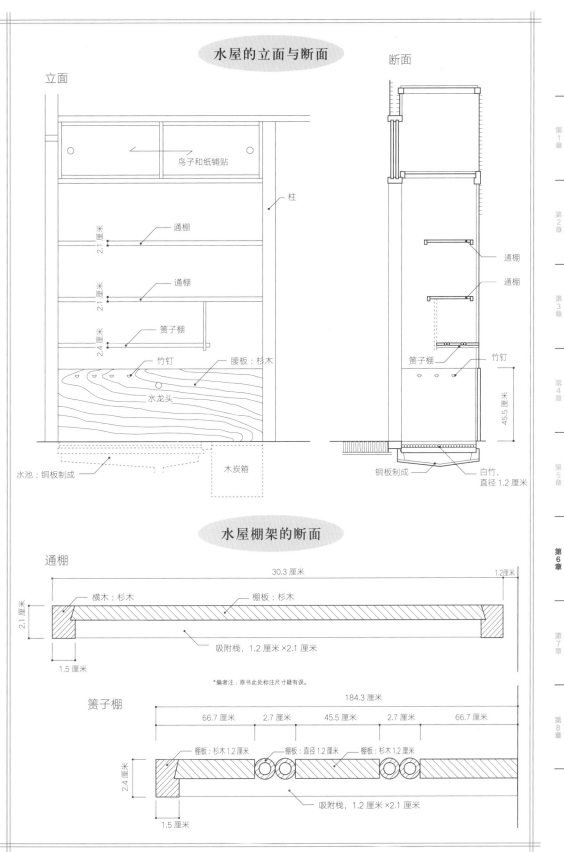

水屋的立面与断面

立面

断面

鸟子和纸铺贴

柱

2.1厘米 通棚

2.1厘米 通棚

2.4厘米 簧子棚

竹钉

腰板：杉木

水龙头

水池：铜板制成

木炭箱

通棚

通棚

簧子棚

竹钉

45.5厘米

铜板制成

白竹，直径1.2厘米

水屋棚架的断面

通棚

30.3厘米

1.2厘米

横木：杉木

棚板：杉木

2.1厘米

吸附栈，1.2厘米×2.1厘米

1.5厘米

*编者注：原书此处标注尺寸疑有误。

簧子棚

184.3厘米

66.7厘米　2.7厘米　45.5厘米　2.7厘米　66.7厘米

棚板：杉木1.2厘米　棚板：直径1.2厘米　棚板：杉木1.2厘米

2.4厘米

吸附栈，1.2厘米×2.1厘米

1.5厘米

088 洞库、丸炉、物入

Point 丸炉是在水屋中设置的圆形炉，它是一个烧水的备用炉，在冬季亦可使水房保暖。

洞库

洞库有置洞库和水屋洞库两种。所谓置洞库，是指在点前座处的箱形的橱柜，较易移动。水屋洞库的位置与置洞库相同，却是固定的不可移动的，底部有簧子（竹席）水池，并设有一层架子，便于在外侧也可以存取工具。

使用洞库的优点是，在主人结束点茶之后也能与客人一直同座。特别是对于老年人和腿脚不方便的人等，在进行运点前有障碍的情况下，会更倾向于使用洞库。

丸炉

水屋里设置的丸炉，是一种圆形火炉，可放置煮锅。设置的目的是在茶席上热水不足的情况下将其作为烧水的备用炉。

另外，特别是在冬季时在丸炉上烧热水后，水蒸气会扩散到室内，使水屋内温暖。

物入

在水屋水池的一侧，有可能会设置一个半间左右宽度的物入。物入通常都是上下两层，上层安装拉门形式的隔扇，下层会用特别形式的板门。

另外，也有在架了的上部设置天袋[82]形式的储物柜的情况。

反置棚（临时置物架）

在水屋较远的情况下，会在茶道口的附近设置反置棚，是有镂空侧板的炮烙棚，有一层或三层的形式等。

炭入

水屋水池的旁边铺设地板的部分，板下会设置装木炭的炭入。炭入是用3张33.3厘米×23.3厘米左右的木板制成，其深度为33.3厘米左右。为了便于打开，炭入的盖子上还会有一个手指插入孔。

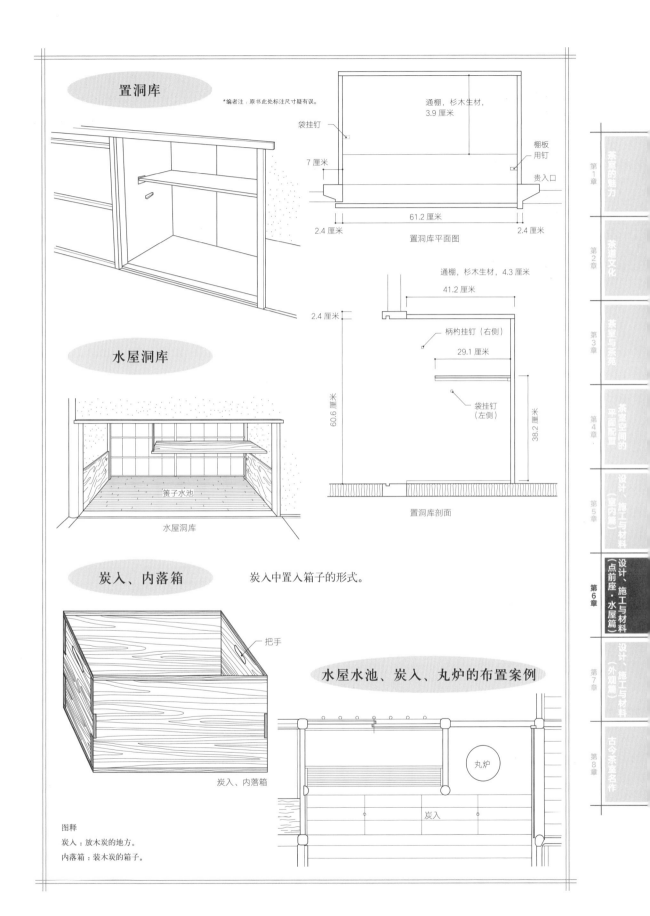

置洞库

*编者注：原书此处标注尺寸疑有误。

袋挂钉

7 厘米

通棚，杉木生材，
3.9 厘米

棚板
用钉

贵入口

2.4 厘米　　　　　61.2 厘米　　　　　2.4 厘米

置洞库平面图

水屋洞库

通棚，杉木生材，4.3 厘米

41.2 厘米

2.4 厘米

60.6 厘米

柄杓挂钉（右侧）

29.1 厘米

袋挂钉
（左侧）

38.2 厘米

簧子水池

水屋洞库

置洞库剖面

炭入、内落箱

炭入中置入箱子的形式。

把手

炭入、内落箱

图释
炭入：放木炭的地方。
内落箱：装木炭的箱子。

水屋水池、炭入、丸炉的布置案例

丸炉

炭入

第1章　茶题的魅力
第2章　茶道文化
第3章　茶室与庭苑
第4章　茶室空间的平面配置
第5章　设计、施工与材料（室内篇）
第6章　设计、施工与材料（点前座・水屋篇）
第7章　设计、施工与材料（外观篇）
第8章　古今茶室名作

089 广水屋与台所

Point 在茶道中，最理想的情况是一位主人只招待一位客人，但通常情况下则是有包括"半东"在内的很多人加入其中。

广水屋

一位主人招待一位客人是茶道中理想的模式。但是，一般情况下，客人都是不止一位的，所以又会包括半东(见第28页)等多位协助主人的人。

在茶事中，多几个人的协助才能使茶事有顺利进行的基础。这些人通常以水屋为据点，所以这种情况下就需要更宽敞的水屋，也出现了在水屋边设置等待室等用作水屋的备用空间的情况。

另外，如果举行大型的茶会，需要招待的客人就会很多，这时会有除了半东之外的很多其他协助人员。他们将在水屋沏好的茶端到客人面前，有很多一次性端出许多茶的情况，这更需要水屋有足够宽敞的空间。

台所(厨房)

在举行茶事时，台所扮演了非常重要的角色。茶事中首先要为客人准备怀石料理。为了制作这些料理，一般会在水屋附近设置厨房。厨房中的必备设施有洗碗池、炉灶、碗柜，但近年来，除了增设冰箱，为了在最合适的时机提供料理也会增设微波炉。但是，为了让客人听不到微波炉的声音，就需要更加注意其摆放的位置(见第98页)。

厨房里设有配膳台以代替桌子。在较为狭窄的厨房，为了有效利用空间，也有使用折叠的配膳台的情况。

另外，虽然有依客人的意愿而参观水屋的情况，但厨房并不会向客人开放。所以厨房的打造还是以实用为基础。

虽然像这样的水屋、等待室、独立的厨房等在一般的个人住宅中是不可能同时设立的，但在公共设施中，同时设有这些空间则是很方便的。所以，在没有特定的使用方式时，有必要在公共设施中备好这些空间。

第 **7** 章

设计、施工与材料
（外观篇）

屋顶的形式

茶室的外观，特别是屋顶的形式，作为茶室院子景色的一部分显得非常重要。

山居体

16世纪前半叶，人们在宅邸深处设置茶屋，称为"市内山居"（见第62页）。这种像在都市的喧嚣中被隔绝了一样的场所在当时流行一时，人们把这里当作静心沉思及享受茶道乐趣的场所。

茶室的院子是表现市中山居的非常重要的部分，以"山居体"进行建筑的外观表现也具有重要的意义。特别是屋顶，因其占用很大的面积，所以其意义在日本建筑中尤为突出，在茶室中也会非常重视这种由不同屋顶营造的氛围。

屋顶材料

茶室的屋顶一般由主屋顶和屋檐构成。主屋顶依据材料有茅葺、柿葺、瓦葺、铜板葺等，在茶室中使用桧皮葺屋顶的情况是罕见的，这是因为桧皮通常作为一种较名贵的材料来使用，而草庵茶室则侧重表现朴实的精神，所以会避免使用这样的材料。如果使用瓦葺，则会使用比通常尺寸小的小瓦，且铺成斜面，以表现出柔和的一面。而且，也有在瓦葺顶的屋檐处用柿板[83]的腰葺形式，使屋顶更加轻巧。另外，还有将竹材铺设在柿板上组成的大和葺等。

屋顶的形式

一般的住宅使用的屋顶的形式是切妻造（悬山屋顶）、寄栋造（庑殿顶）、入母屋造（歇山顶）等。茶室的屋顶也是一样的，只不过考虑入母屋造的品位过于高雅，所以其使用频率并不高。在使用切妻造的情况下，可有很多变化。但是，在茅葺屋顶和在广间座敷里，则有很多使用入母屋造的情况。此外，也有在主屋的屋檐部分设置茶室和使用一面坡的片流屋顶的形式。

表千家不审庵的屋顶及平面

虽然不审庵的屋顶（外观）复杂，但平面布置很简单。

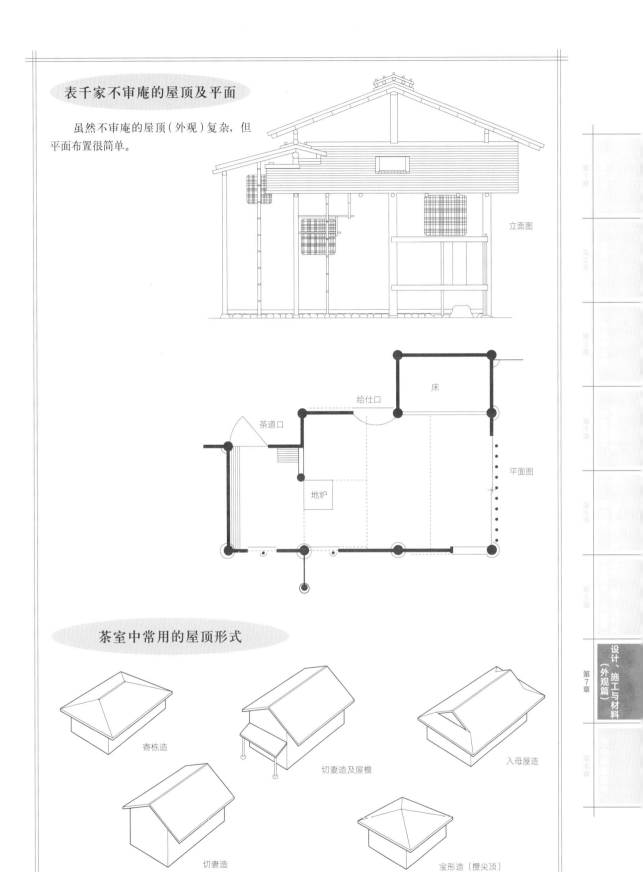

立面图

茶道口

给仕口

床

地炉

平面图

茶室中常用的屋顶形式

寄栋造

切妻造及屋檐

入母屋造

切妻造

宝形造（攒尖顶）

091 | 轩与庇的构成

> **Point** 一般茶室的屋顶设计得很低，房檐的应用也是为了表现谦恭。

茶室的庇（屋檐）

草庵风格的茶室，为了表现简单质朴的精神，要求尽可能降低屋顶的高度。这是由于屋顶的体积大、墙面的占幅相对较小，为了平衡这种体量关系而作此设计。主屋顶前方的屋檐也就显得尤为重要。主屋顶前方的屋檐一般较深，有时屋檐会采用土间庇的构造。例如，像曼殊院八窗席(见第108页)，相对较高的主屋顶，就有很低的屋檐，这是谨慎的表现形式。

前面的屋檐通常会伸出墙面半间的长度，这种情况下茶室内通常是化妆屋根里天井的形式，且多设有突上窗。室外就像入母屋造一样，屋檐两端结合主屋顶，屋檐头继续延伸的形式称为"缒"，俗称"奴"。或者屋檐中只有一端与主屋顶结合的形式称为"片奴"。

轩先与蝼羽

"轩先[84]"是指主屋顶或屋檐的前端部分，侧面部分称为"蝼羽[85]"。

在草庵茶室中，屋檐头通常做得很薄，以表现茶室的谦恭和轻盈感。在使用柿葺屋顶的情况下，会在垂木（缘木）上附有广小舞（宽板条），上面铺设称为"轩付"的装饰内板及小轩板。在使用铜板葺屋顶的情况下，会使用一套被称为"淀"的构件，在上面将轩付连起来后，再铺设铜板。

一般来说，蝼羽通常会使用破风板。但在茶室中，除了被称为"小舞蝼羽"的垂木上附板条的形式，还有直接使垂木呈切割状态的形式，使端部露出柿板、装饰板和小舞的横截面。在主屋或横梁凸出时，墙壁的外侧会多立一根垂木以支撑，这时装饰内板也会向前方延伸。

屋顶的组合

右边是用铜板铺设的瓦葺茶室屋顶。中间和左边是水屋和厨房，采用的是瓦与铜板搭配的腰葺。

切妻造屋顶的屋檐组合案例

俗称"奴"或"片奴"。

奴   片奴

蝼羽与轩先

直接将屋顶截断露出截面的形式，称为"小舞蝼羽"或"蝼羽轩"。

092 柿葺

Point 柿板用专用的刀切割，不会损伤纤维，所以不易渗入雨水。

柿葺

虽然用切割的木板铺设屋顶的形式统称为板葺屋顶，但依据其厚度而有不同的分类。用厚1~3.3厘米的木板铺设的称为"栩葺"；用厚0.3~1厘米的木板铺设的称为"木贼葺"；用厚0.3厘米的木板铺设的是"柿葺"。其中，在茶室中通常使用的是0.3厘米左右厚的木板的柿葺屋顶。

柿板，主要是用杉木或花柏木切成的薄板。为了使屋顶也能展现朴素的一面，使用柿板是最佳的选择。屋顶的坡度是13.3~15厘米。

木板通常是工匠用专用的刀具手工将板材切割成均匀适当的厚度。这种方法是工匠的必备技能，并且使用这个方法，不会对木板的纤维造成损伤，因此雨水不易渗透。另外，木板间也能保持良好的通风透气，毛细现象也可防止雨水逆流。相反，如果用锯子和机器切割木板的话，虽然很容易加工成所需要的固定厚度，但是切断木纤维后雨水容易浸入，缩短木板的使用寿命。

在瓦屋顶的下方腰部铺设柿板的形式，被称为"腰葺"。这种可起减轻屋檐负荷作用的设计，给人一种很轻松、轻盈的感觉。

柿葺屋顶中的"柿"字，指的并不是"柿子"中的"柿"，其"巿"字中间应该是上下相连的一竖。

柿板

柿板的材料在以前通常是杉木板，现在以花柏木板居多。材料切割时，先将圆木切成适当长度的圆木段，称为"玉切"。然后像橘子分瓣一样，把圆木段成放射状切割成6片或8片，去除边材，加工成厚约6.7厘米的木板，最后切成厚约0.3厘米的薄木板，柿板就制作完成了。

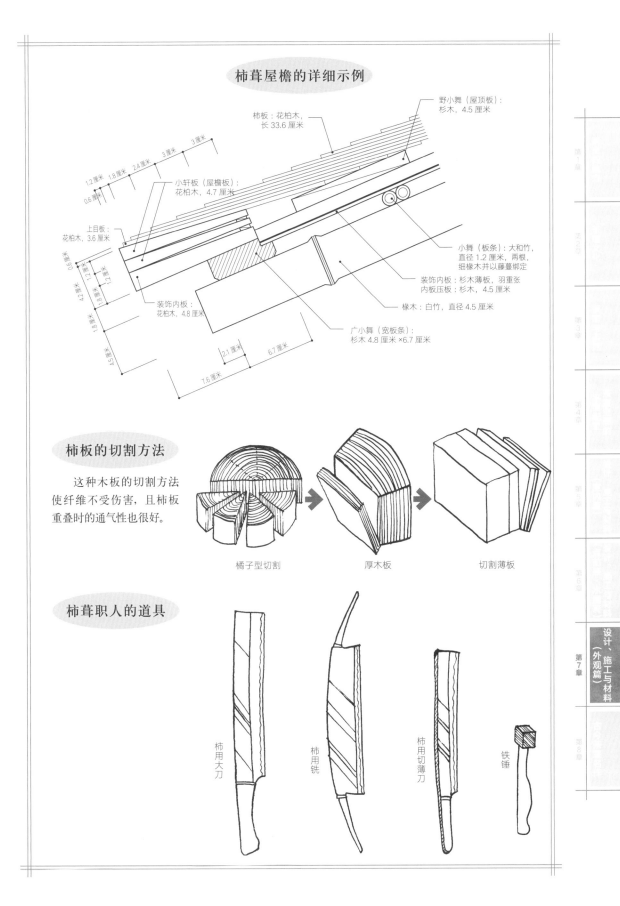

柿葺屋檐的详细示例

野小舞（屋顶板）：
杉木，4.5 厘米

柿板：花柏木，
长 33.6 厘米

3 厘米
3 厘米
2.4 厘米
1.8 厘米
1.2 厘米
0.6 厘米

小轩板（屋檐板）：
花柏木，4.7 厘米

上目板：
花柏木，3.6 厘米

0.6 厘米
4.2 厘米
1.8 厘米
4.5 厘米
1.2 厘米
1.8 厘米
1.2 厘米

小舞（板条）：大和竹，
直径 1.2 厘米，两根，
细椽木并以藤蔓绑定

装饰内板：杉木薄板，羽重张
内板压板：杉木，4.5 厘米

椽木：白竹，直径 4.5 厘米

装饰内板：
花柏木，4.8 厘米

广小舞（宽板条）：
杉木 4.8 厘米 ×6.7 厘米

2.1 厘米
6.7 厘米
7.6 厘米

柿板的切割方法

这种木板的切割方法
使纤维不受伤害，且柿板
重叠时的通气性也很好。

橘子型切割   厚木板   切割薄板

柿葺职人的道具

柿用大刀   柿用铣   柿用切薄刀   铁锤

093

茅葺、桧皮葺、杉皮葺、大和葺

Point 茅葺原本是指用附近的田地里采的稻草和麦秆而铺设的屋顶，而近年来也开始使用了茅草和芦苇等。

茅葺

茅葺屋顶，又称"草葺屋顶"。茅葺原本是农家中用近手可得的材料铺设的屋顶，一般都是用麦秆和稻草来铺设，茅草则是较为上等的材料。这里的茅草指的也是几个种类植物的总称，不同地区的叫法不同，没有严格的区分。

近年来稻草已经渐渐不再使用了，在茶室中常用的是茅草、芦苇等。在茶室使用茅葺屋顶时，颇有田园地带和山间农家的风貌，是"市中山居"的形象体现。屋顶的坡度为45度。

现在，茅葺师的工作根据条件而不同，但都是在木舞[86]上进行作业的。据说以前屋顶的铺设是从合掌[87]的整理开始的。首先是屋檐内侧的装饰，从屋檐檐口处开始，往上铺设。通常把茅草的穗部朝上，使表面呈现整齐、漂亮的秸秆部。但也有反过来铺设的逆葺屋顶的形式。

茅草铺设时工匠会一边敲打整理，一边用绳子将其捆绑在竹材上固定。接下来修饰屋脊的部分，用剪刀修剪茅草，最后再重新整理形状后完成铺设。

桧皮葺

桧皮葺是用桧木的树皮铺设的屋顶，外观看起来非常细腻。桧皮用于神社和御所类的建筑中，被认为是一种较高级材料。这也是茶室的屋顶一般不使用桧皮葺的原因之一，但这也并不意味着禁用。

桧皮葺是使用约83.2厘米的桧木树皮，互相重叠1~1.7厘米的部分，再用竹钉钉住，其坡度角约有22.5度。

杉皮葺、大和葺

杉皮葺屋顶是使用杉木树皮铺设的屋顶，上面用竹子压住的是大和葺屋顶，竹子则是用蕨绳捆绑固定的。

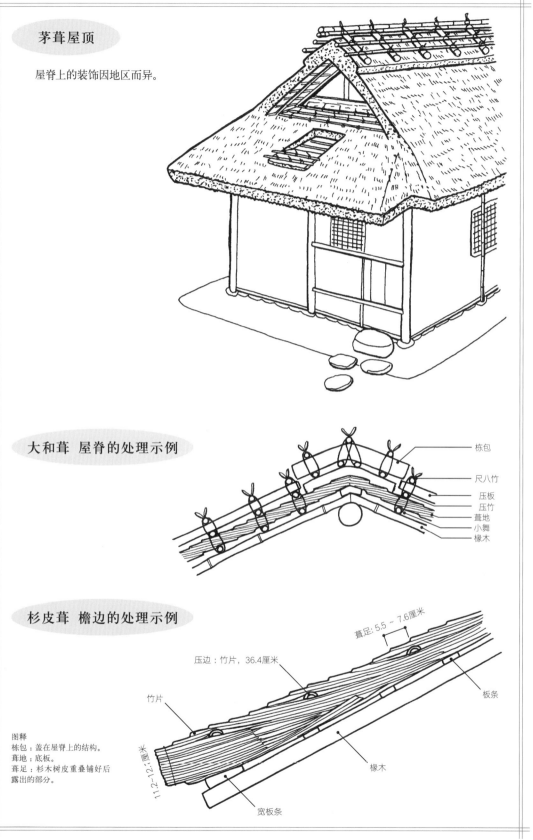

茅葺屋顶

屋脊上的装饰因地区而异。

大和葺 屋脊的处理示例

栋包
尺八竹
压板
压竹
葺地
小舞
椽木

杉皮葺 檐边的处理示例

葺足：5.5 ～ 7.6厘米

压边：竹片，36.4厘米

竹片

板条

11.2～12.1厘米

椽木

宽板条

图释
栋包：盖在屋脊上的结构。
葺地：底板。
葺足：杉木树皮重叠铺好后
露出的部分。

094

瓦葺、铜板葺

Point 茶室屋顶的瓦片比通常的瓦片尺寸要小。铜板屋顶的外观也因匠人铺设的不同而变化。

瓦葺

瓦与佛教建筑，是最早传入日本的。瓦最初的形式是本瓦，采用圆形瓦和平瓦铺设的形式。到了日本江户时代，这些融为一体的栈瓦形式诞生了，主要在住宅建筑中迅速普及起来。

通常，茶室屋顶中使用栈瓦铺设，特别是尺寸较小的小瓦。在一般的住宅建筑屋顶中，会使用53枚或64枚瓦片(约3.3平方米的屋顶所用的瓦片数)，但在茶室屋顶中会使用80枚或100枚。屋顶的坡度角一般是21.8°～24.1°。

屋顶铺设瓦片通常是使用土葺或空葺。土葺是瓦匠通过控制泥土用量进行铺瓦的方式。空葺是将木工制作的底板直接裸露铺在屋顶上的方式，但近年来这种方式通常被敬而远之。而传统的土葺屋顶不仅有隔热的效果，还可以表现出瓦的微妙线条。

铜板葺

铜板葺屋顶，又称为"一文字葺"，一般被认为是柿葺屋顶的模仿形态。近年来，出于防火和经费方面的考虑，柿葺屋顶的发展变得困难，所以出现了用铜板代替的方式，也与铜板表面氧化后的绿色的效果有关。另外，匠人还可以使用技巧使其表现出刚柔并济的变化。

铜板葺的铜板厚度一般为0.35～4毫米，这是铜板最容易加工的厚度。虽然铜板葺原本是模仿柿葺而来的，但其效果是金属的坚硬感，解决如何呈现才能表现得更加柔和的问题是非常重要的。而将铜板之间连接的部分压平或稍微浮起，就会改变其效果。

另外，近年来，也有尝试使用钛板铺设屋顶的形式。

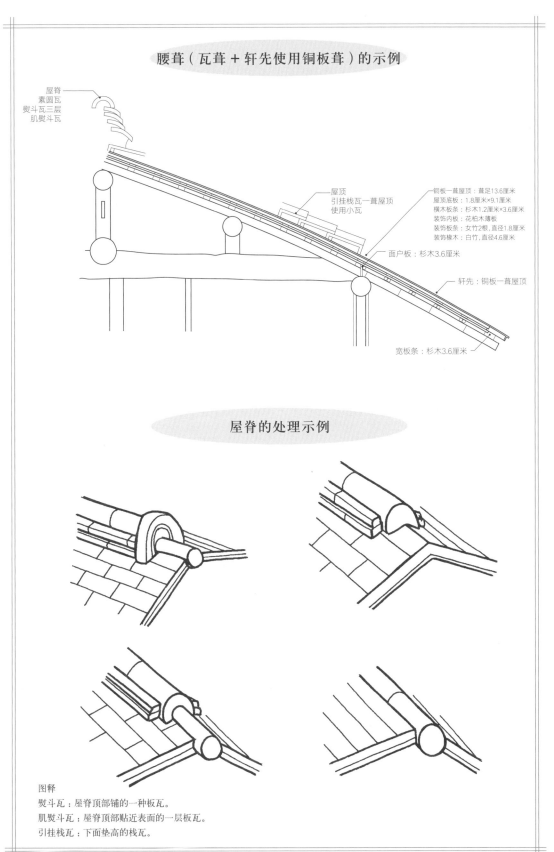

腰葺（瓦葺＋轩先使用铜板葺）的示例

屋脊
素圆瓦
熨斗瓦三层
肌熨斗瓦

屋顶
引挂栈瓦一葺屋顶
使用小瓦

铜板一葺屋顶：葺足13.6厘米
屋顶底板：1.8厘米×9.1厘米
横木板条：杉木1.2厘米×3.6厘米
装饰内板：花柏木薄板
装饰板条：女竹2根，直径1.8厘米
装饰椽木：白竹，直径4.6厘米

面户板：杉木3.6厘米

轩先：铜板一葺屋顶

宽板条：杉木3.6厘米

屋脊的处理示例

图释

熨斗瓦：屋脊顶部铺的一种板瓦。

肌熨斗瓦：屋脊顶部贴近表面的一层板瓦。

引挂栈瓦：下面垫高的栈瓦。

095 墙面、足元

Point 刀挂[1]是平等的象征，而蕨帚是清净的象征。
两者虽然都不实用，但却具有精神上的意义。

茶室的外墙

茶室的外表面是由屋顶、墙壁和足元（底部的部分）构成的。作为露天风景的一部分，它们都扮演了很重要的角色。外壁由土墙、柱子、连子窗、下地窗、躏口构成，另外还安装了刀挂，挂有蕨菜扫帚。

刀挂

刀挂是放置刀具的地方。即使是武士，也要把刀放在这里，然后才能从躏口进入茶室内。这就象征着茶室空间的平等。

现代中，从实用性角度来看，刀挂是不必要的，但在精神意义上，其表达的是一种平等的精神。所以刀挂的意义在于，只要存在，就代表了重视其中的精神。

另外，茶室的底部会设置飞石铺设的二段石。

蕨帚

"蕨帚"是由蕨菜根去除淀粉质后的纤维制成的，通常会被挂在躏口后面的柱子上。但蕨帚不会作为实际的扫帚使用，而是代表茶室院子干净的象征。

茶室的足元

茶室的底部与现在的一般住宅不同的是，茶室的柱子是立在天然石头的根石上的，并且在墙壁的底部设置一块石头（插石）。在墙壁的下部设有插石的情况下，也会在墙壁上设有用竹子或木条等做的壁留，并且在插石与壁留之间留有缝隙，有意识地使地板下方透气。

另外，也有在墙壁的底部安装腰板的例子，使墙面在雨中可以得到保护。腰板与插石之间或紧密相连，或留有缝隙。

选择使用壁留还是腰板，取决于个人的喜好。一般来说，在广间座敷中会使用腰板，小座敷则一般选用壁留。

刀挂

虽然对刀挂的形式没有严格的规定，但是一般刀挂都是上下两层，且上层较大。

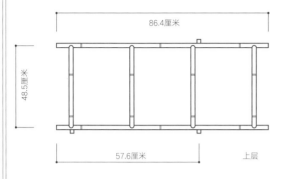

86.4厘米

48.5厘米

57.6厘米　　上层

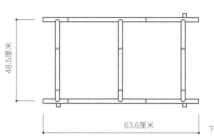

48.5厘米

63.6厘米　　下层

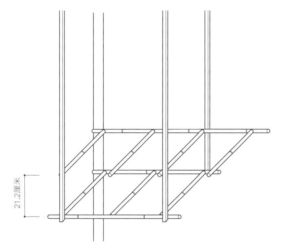

21.2厘米

建筑底部用腰板的案例

柱石上方设有腰板，并设置通气口。

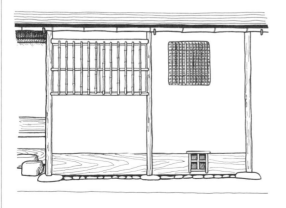

建筑底部用壁留的案例

插石上方留有缝隙，并装设壁留。蕨帚挂于柱子上。

第1章

第2章

第3章

第4章

第5章

第6章

设计、施工与材料（外观篇）

第7章

第8章

096 三合土与尘穴

Point 三合土是把土夯实而成的。有的会在三合土表面撒小石子,使其更独具匠心。被设置在三合土中的尘穴象征着清净。

三合土

三合土地面是土质地板的一种,是用花岗岩、安山岩等的风化土,加熟石灰和盐卤,再加水混合搅拌,涂抹于地面并夯实(也有在混合物中加入沙子的情况)。

由于产地的不同,三合土的颜色也会不同,此外还有混杂进碎石和黏土而制成的三合土。自古以来,三合土中的三州土(爱知县中部的土)和深草土(京都的深草近郊出产的土)就广为人知。

三合土的施工

首先是地面的水结碎石工作,就是对大小不同的石灰岩类碎石进行碾压洒水后形成均匀的地面层。在此基础上,混入三合土材料,使用木槌、铁锤、木板或夯土机等,反复夯实地面,使三合土厚度压缩至最初的一半厚,这一工作需要重复两到三次,以增加地面的厚度。

在完成的时候,也有可能会把碎石撒在表面,使其更具设计感。石头可以是一个、两个、三个散放的,称为"一二三石"。如果需要粗面的地面效果,可以在夯实完成的一两天后,用水冲洗表面。

尘穴

在蹲口周围设置尘穴的情况很多。尘穴一般是圆形或四角形,其位置一般在屋檐遮盖范围内,上面还设有窥视石。尘穴中会插有青竹制成的尘箸和绿色的叶子等,但这些并不是实际使用的,而是一种洁净的、精神层面的象征。

尘穴在三合土内的形式,有完全在其中的,也有部分在其中的。尘穴有的设置边框,有的则没有。一般在小座敷前面的尘穴边框是圆形的,在座敷前面则是四方形的。

三合土施工所用工具

依面积大小而不同。

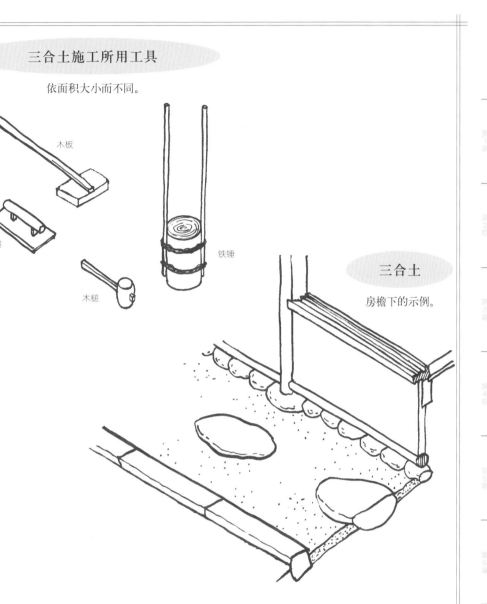

木板

木槌

木槌

铁锤

三合土

房檐下的示例。

尘穴

尘穴内附有"觇石"。尘穴的形状有方形的和圆形的，其位置有的在三合土内，有的一部分在三合土内。

窥视石

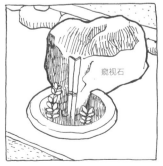

窥视石

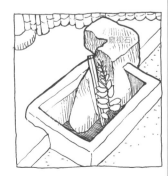

窥视石

短评⑥

竹

现在我们所说的草庵茶室，在日本室町时代到安土桃山时代初期则被文化人称其为竹亭或竹丈庵，就是用竹子建造的用于进行连歌和茶道的场所。竹子被认为等级比木材略低，所以更能显简单、朴素。

在现在的茶室中，竹子被广泛地应用于床柱、中柱、垂木、化妆屋根里天井(见第172页)的壁留、连子窗的窗棂、下地窗的力竹等各种各样的地方。使用的竹水管每年年末都可以重新更换，这也是一种新年新气象的办法。

竹材虽然给人笔直的印象，但实际上竹子会有非常微小的弯曲。在作为茶室建材的情况下，竹材店的手艺人会对其进行矫正使其变直。

如果将竹子作为建筑用材，需将其火烤去油，预先进行一定程度的矫正。然后，用木头将竹子压直。如果将竹子加热，其中纤维之间的树脂会变得柔软，纤维就会容易移动。

顺便一提，拆除民房时所得的煤竹也要进行这一系列的作业。这是因为在民宅中，经常采用自然的、没有经过加工的竹子，所以竹子还有些许弯曲，内部还有油脂。

之后的2~3周的时间，将竹子置于太阳下暴晒。这种被暴晒过的竹材被称为"白竹"或"晒竹"。最后再次矫直，就可以完成竹子作为建材的加工。

另一方面，作为建筑构材使用的竹子，有的会做成墙面结构的小舞，这种则需要将竹子剖开加工成小舞竹。茶室的墙壁很薄，所以也会将竹叶削掉，并削除竹节，然后将其削成竹皮和主内侧两层使用。

第 **8** 章

古今茶室名作

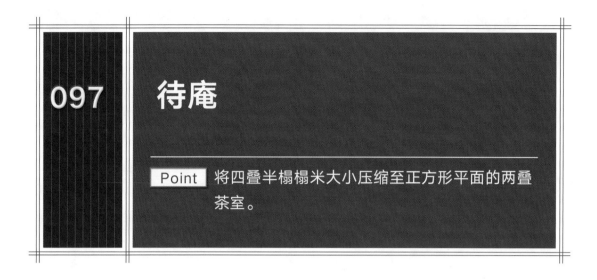

097 待庵

Point 将四叠半榻榻米大小压缩至正方形平面的两叠茶室。

概要

待庵建于日本室町时代，是妙喜庵书院的附属建筑，面朝南方。待庵的外观是用柿板铺设的切妻造屋顶。建筑南侧的前面设有屋檐，形成很深的土间庇，这也是千利休偏爱的设计形式。

待庵内部设上座床、二叠隔炉，西侧设有一叠榻榻米大小的次之间，北侧设有一叠榻榻米大小的厨房。这些部分总体加起来大概是边长一间半的正方形房间。面积由四叠半大小压缩至二叠的正方形，也是值得关注的一点。

床之间采用涂抹的土墙，且采用在外侧看不见内部柱子的形式，床天井也设计得比较低。现在的床柱采用的是杉木面皮柱。据说在最初，床柱使用的是梧桐木，不过也并不是十分确定。床之间的床框使用的是皮付梧桐木，正面有3个节眼。在躏口上方的窗户是连子窗，客座一侧的两扇窗户是下地窗，但结合割竹[88]的做法很罕见。在内侧挂着的障子中也使用竹子做窗栈，这是古代民宅中常用的手法。点前座和次之间以双向开的太鼓襖隔开。角落的柱子在涂抹墙壁时被隐藏，使点前座更加简单、朴素。通过这种消除棱角的方式，使床之间这种狭窄的空间显得更宽阔。

历史

关于待庵的创建年代存在很多谜团。在大的躏口、较小的炉和茶道口的拉门等要素中，人们普遍认为待庵表现出草庵茶室的初期风貌，所以待庵也就被认为是草庵茶室的起源。

待庵可能是在1582年的山崎之战之后不久就被建成了。但是在那之后又被拆解，并被保存在某处。直至千少庵在会津的蛰居[89]结束，并在1594年回到京都之后，在妙喜庵重建了待庵。

妙喜庵待庵

床之间室床角落的柱子采用隐藏的形式。地炉角落的柱子也采用同样的
方式，使纵深空间变得模糊。

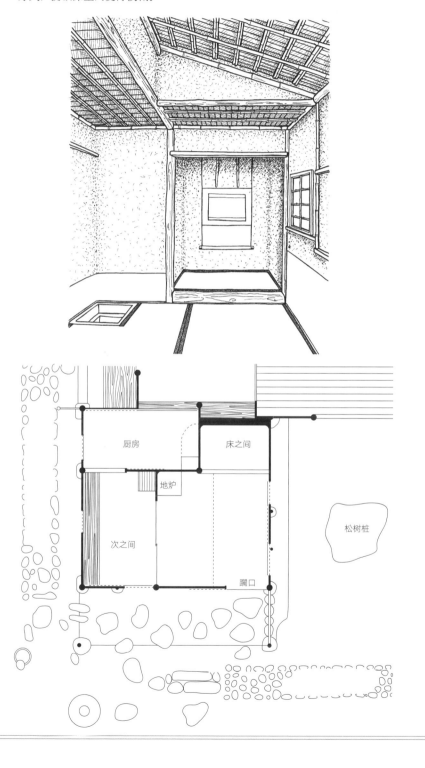

厨房

床之间

地炉

次之间

松树桩

蹦口

第1章　茶席的魅力

第2章　茶道文化

第3章　茶席与庭院

第4章　茶室空间的布局配置

第5章　设计、施工与材料（室内篇）

第6章　设计、施工与材料（水屋篇）

第7章　设计、施工与材料（外观篇）

第8章　古今茶室名作

098 黄金茶室

> **Point** 在昏暗的光线中的黄金，散发出像寺院正殿内一般庄严沉重的光芒。

概要

1586年1月，丰臣秀吉在禁里小御所中建造了黄金茶室，并为正亲町天皇献茶。这是继1585年10月的禁中茶会之后，作为丰臣秀吉就任关白的回礼而举行的茶会。千利休就是在禁中茶会时被赐予了居士号，并在相邻的房间内辅助了这次的茶事。

在禁中茶会中所展示的黄金平三叠茶室，壁面和柱子都由金箔贴饰，榻榻米表面是带黑色的鲜艳深红色，边缘饰有绿色金线小花纹，窗户以红色花纹纱布张贴。台子和工具也都贴附金箔。这个黄金茶室，经常因丰臣秀吉对黄金的喜好而被冷嘲热讽，但从历史角度来说，它的出现也是合理的。

黄金的意味

时间追溯到1437年10月，后花园天皇驾临至足利义教的宅邸室町殿，在其中的"御汤殿上"的房间中，摆设了包括金制道具、描金漆器等奢华茶器道具。当然，当时没有像丰臣秀吉时代那样的茶道形式，也不存在茶室。但是，在当时的记录中已经有了使用金制华丽茶具的记录。可以认为千利休创造的黄金茶室是这种形式的延伸。

在宽阔的室内和幽暗的光线中，黄金茶室中的黄金散发出有如在寺院的正殿里一般的光芒，这与所谓的成金趣味[90]混同在一起是错误的。

但是，就像人们常说的那样，因为这个茶室而造成了丰臣秀吉和千利休之间的矛盾，在后来的北野大茶会中，丰臣秀吉把黄金茶室展示给众人，而千利休认为这座茶室始终只是为天皇献茶而创建的。

黄金茶室

丰臣秀吉在一五八六年正月，在京都的小御所内设置了黄金茶室，并向正亲町天皇献茶（来自于 MOA 美术馆的展示）。

关白样御座敷

另一方面，丰臣秀吉也建造了简单朴素的二叠的座敷。虽然茶室细节不明确，但应该与现存的妙喜庵中的待庵相仿。本来，茶室设计也应随场合不同而变化（《山上宗二记》，版本不明）。

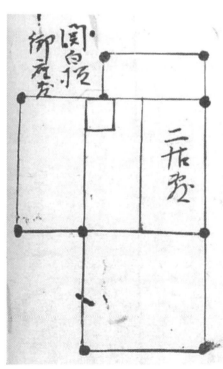

引用自《不审庵本》

第1章 茶室的魅力

第2章 茶道文化

第3章 茶室与茶苑

第4章 茶室空间的平面配置

第5章 设计、施工与材料（室内局）

第6章 设计、施工与材料（点前座・水屋篇）

第7章 设计、施工与材料（外观篇）

第8章 古今茶室名作

099 千利休深三叠大目

Point 把点前座设为与次之间相同的等级，而在客座的一侧陈设等级较高的元素，以表现待客之道。

概要

千利休在大阪屋敷建造的深三叠大目的茶室，是以空间形态体现待客之道的创始。细川三斋的大目构就是由千利休首创的茶室形式，很有可能就是起源自这间茶室。虽然遗憾的是茶室已无遗迹，但从几个资料中还能再现当时茶室的情况。

在《宗湛日记》《山上宗二记》中，就有关于这个茶室的记录。另外，千少庵的各个仿作则在《松屋会记》中被记录下来。

综合这些记录可知，这座茶室的上座处设置31.7米宽的床之间，床柱采用杉木角柱，相手柱上挂着花器，床框涂黑漆。地炉是边长46.7厘米的大目切形式，袖壁的下部涂抹墙泥。所以，整个点前座是与次之间相类似的等级，茶道口被设置在风炉前，所以这座茶室采用的是回点前的点茶形式。

另外，茶室还设置了蹲口和单片拉门的贵人口，外部设置了坪庭。

接待空间

这座茶室的"性格"，表现出很强烈的接待意识。也就是说，虽然整体上这里是比较幽静的空间，但为了将客人的位置设定为更高的等级，在床之间中使用了角柱代替丸太柱作为床柱，床框采用真涂（涂黑漆）的横木等，表现出较高的格调等级。另外，为了表现主人的谦虚还设置了袖壁，使点前座与次之间级别一样。与后来茶室形式有所不同的是，袖壁在这里是一直到地面的，以表现更强烈的谦逊感。

从这种点前座形式开始，之后的大目构茶室出现了袖壁下部悬空、使用曲柱等洗练顺畅的形式，古田织部、小堀远州、细川三斋等人在茶室中的应用，更显示出大目构得以推广普及。

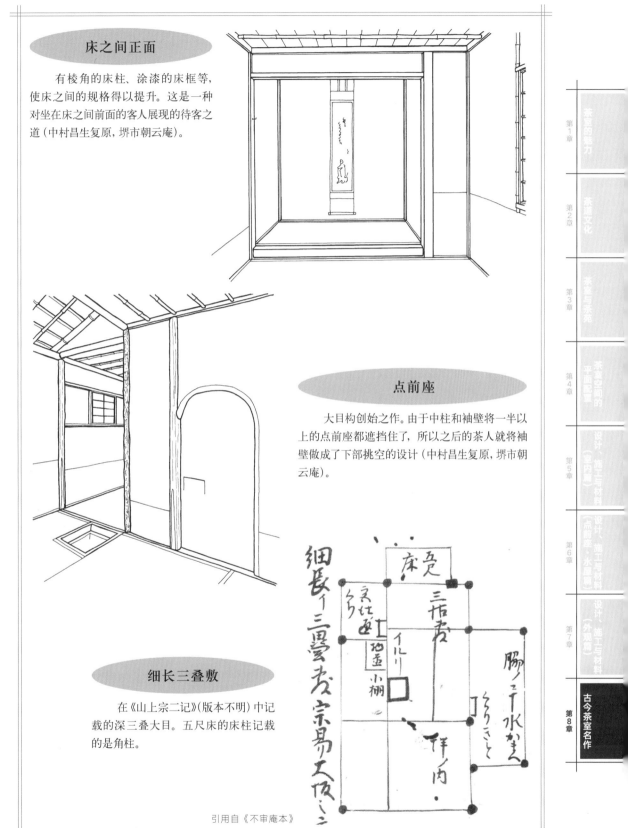

床之间正面

有棱角的床柱、涂漆的床框等,
使床之间的规格得以提升。这是一种
对坐在床之间前面的客人展现的待客之
道(中村昌生复原,堺市朝云庵)。

点前座

大目构创始之作。由于中柱和袖壁将一半以
上的点前座都遮挡住了,所以之后的茶人就将袖
壁做成了下部挑空的设计(中村昌生复原,堺市朝
云庵)。

细长三叠敷

在《山上宗二记》(版本不明)中记
载的深三叠大目。五尺床的床柱记载
的是角柱。

引用自《不审庵本》

第1章 茶室的魅力

第2章 茶道文化

第3章 茶室与茶苑

第4章 茶室空间的 平面配置

第5章 设计、施工与材料 (室内篇)

第6章 设计、施工与材料 (点前座、水屋篇)

第7章 设计、施工与材料 (外观篇)

第8章 古今茶室名作

100 如庵

Point 这是一间应用了很多新颖设计手法的茶室，后来也出现了几个优秀的仿作。

概要

被指定为日本国宝的如庵，是边长2.7米左右的四方形空间，其中的设计有着丰富的技巧。

如庵是织田信长的弟弟织田有乐于1618年在重建京都的建仁寺塔头[91]正传院的时候建造的。到了日本明治时期，如庵为三井家所有，于是其被迁移到了东京，之后又搬到了神奈川的大矶。现在，如庵为名古屋铁路所拥有，并被迁到爱知县犬山的有乐苑中。

优秀的造型设计

如庵因其特异的形态，而有"有乐园"一称。另外，因如庵中使用了三角形的地板而被称为"筋违[92]的数寄屋"。或者是因为墙壁使用了旧日历贴成的腰张，如庵也有"日历之席"的称谓。

切妻造屋顶的前面设有柿板铺设的屋檐。内部铺有二叠半大目的下床座。点前座采用大目叠形式，但比通常尺寸更大。地炉采用向切形式。在点前座正面(风炉先)设有火灯窗的板壁。点前座的胜手付一侧设有乐窗。有乐窗的外面钉装了竹条，这种设计从符合普通窗户的概念，在抑制引入光线的同时，又能使人享受纸障子映射的投影的趣味。

在床之间旁铺设的三角形地板称为鳞板。这个板叠的作用是可以使服务客人的动线更为顺畅。另外为了稍微降低点前座的等级，以体现谦虚的态度，使用三角形的形状作为设计的情况也非常罕见，给人以崭新的印象。

如庵卓越的造型设计比日本江户时代更有名，尾形光琳还建造了它的仿作，后来被搬到仁和寺内的辽廓亭。近年来，村野藤吾也在模仿如庵的造型设计。如庵吸引了古今优秀设计师的关注。

如 庵

床之间与点前座，下图中央为三角形板叠"鳞板"。

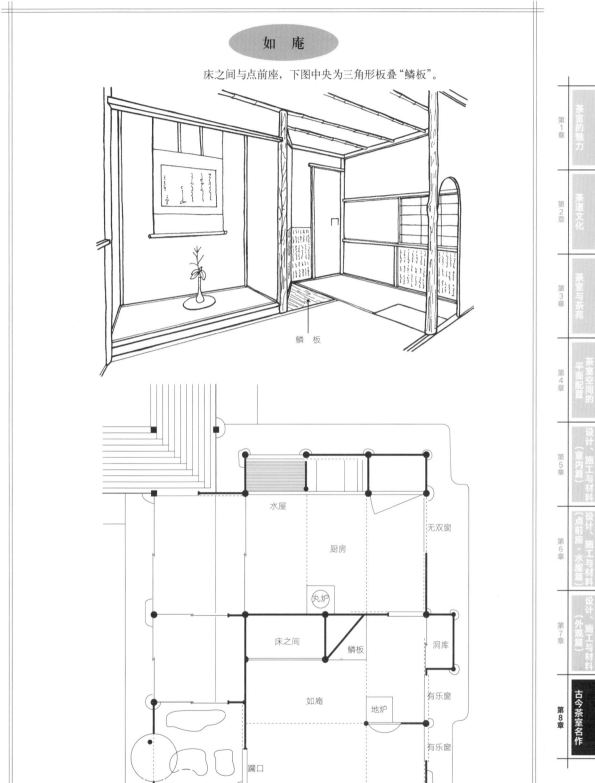

鳞　板

水屋

厨房

无双窗

丸炉

床之间

鳞板

洞库

如庵

地炉

有乐窗

有乐窗

躏口

第1章　茶室的魅力

第2章　茶道文化

第3章　茶室与茶苑

第4章　茶室空间的平面配置

第5章　设计、施工与材料（室内篇）

第6章　设计、施工与材料（点前座·水屋篇）

第7章　设计、施工与材料（外观篇）

第8章　古今茶室名作

101 燕庵

Point 顶棚和袖壁垂直相交，仿佛是现代主义风格建筑。

概要

位于薮内家的茶室燕庵，是古田织部在向大阪出征时，将其作为礼物赠予其在薮内家的义弟初代剑仲的。虽然燕庵在幕府末期的禁门之变中烧毁，但武田家的摄津有马又将其如实地还原，并在1867年迁移至燕庵现今的所在地。

燕庵的屋顶是用茅草铺设的入母屋造屋顶，内部是三叠大目，厨房内是大目切形式的地炉，采用下座式的形式。另外还附加了相伴席。

给仕口与相伴席相邻，初座的时候正客坐在地炉前方，后座的时候正客坐在床之间前方，燕庵正是因为这种交替的座席而闻名。

座敷里的景色

床之间中使用了用手斧加工而成的杉木床柱，并使用真涂形式的床框以提升格调。

床之间侧面的墙壁上设置了下地窗，但形式不是常见的墨迹窗。窗子外侧挂有障子，墙底骨架结合了竹材，并钉有挂花器的折钉，形成以展示花为主的花明窗。

点前座的结构设计也是值得关注的部分。茶道口的方立使用竹材，在风炉的前面设置了云雀棚。在以大目构形式为主的茶室中，中柱采用曲柱，袖壁设计与里面的墙壁一体化，壁留延伸成为下地窗的门槛。另外，顶棚也不是一般常见的落天井形式，而是点前座处的蒲天井直接与客座的顶棚连接。袖壁与这两个顶棚面垂直相交。这样的构造也可以看作是现代主义建筑的一种简单、直接的设计。

点前座的胜手付方向（离客人较远的一侧）设置有色纸窗，是上下两张形状不同的窗户以中心轴配置的形式。特别是下面的窗的窗槛与地面高度持平，而这些都是由织部设计的。

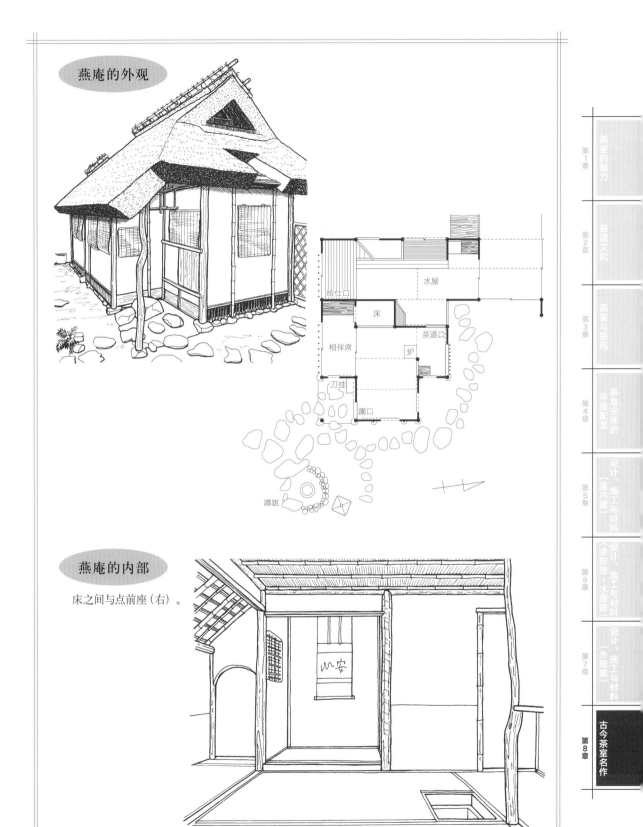

燕庵的外观

水屋
给仕口
床
茶道口
相伴席
炉
刀挂
蹴口
蹲踞

燕庵的内部

床之间与点前座（右）。

以安

第1章 茶室的魅力

第2章 茶道文化

第3章 茶室与茶苑

第4章 茶室空间的平面配置

第5章 设计·施工与材料（室内篇）

第6章 设计·施工与材料（点前座·水屋篇）

第7章 设计·施工与材料（外观篇）

第8章 古今茶室名作

102 忘筌

Point 中敷居的上方设置了障子，下部挑空的手法出众，直至近代仍受瞩目。

概要

大德寺塔头孤篷庵中的忘筌茶室，是一处依小崛远州的喜好而制成的十二叠广间茶室。所谓的"忘筌"出自中国《庄子》中的名句"得鱼而忘筌"。

最初，由津田宗及其儿子江月宗玩在龙光院内建立了孤篷庵，后来于1643年被迁移到了现所在地，并新建了建筑和庭院，忘筌也被认为是在这个时候建成的。但茶室在1793年被烧毁，之后，又在近卫家和松平不昧的援助下重建。

书院和草庵

忘筌在平面布局上有八叠的座席加一叠的点前座，床之间与之并排，侧面是三叠的相伴席的形式，构成十二叠的广间茶室。倒角的角柱，装饰的长押，张付壁式的墙面，成为书院风格的构成元素。但是，忘筌茶室中的天井则是草体化的砂摺天井。虽然现在的地炉是四叠半切形式的，但古图则是大目切形式。床之间为风炉先床的构造，与点前座的关系是与小座敷茶室的结构类似的组合，这是考虑便于客人在客座一侧欣赏而做的设计。虽然整个茶室以书院为基础，但也包含着草庵茶室的要素。

这个茶室中最受瞩目的是缘先[93]的构成。中空的缘先部分设置了中敷居的障子。障子不仅可以起到采光的作用，也可以起到遮挡的作用。另一方面，在一般的书院里通常可以通过中空的中敷居眺望宽广的庭园，但此处只能看到有限的露地。被篱笆隔开的庭院里面有灯笼和称为"露结"的手水钵等茶园要素。这种限定界线的庭院形态，是广间茶室被定位为草庵风格时的配置。而这种结构设计在近代也大受关注。

忘筌茶室的中敷居窗

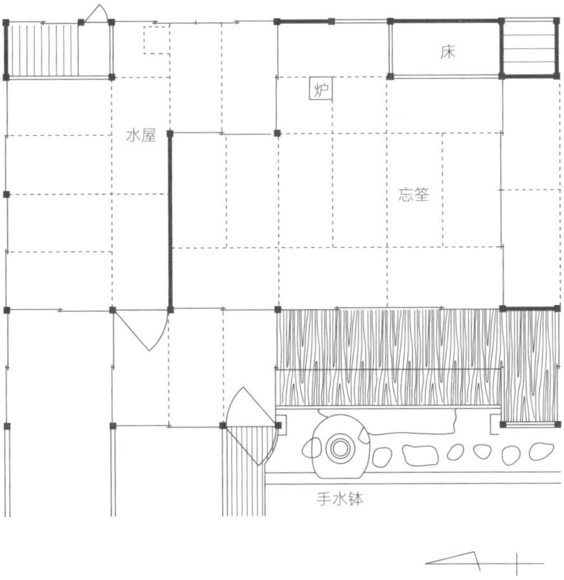

床

炉

水屋

忘筌

手水钵

忘筌茶室的点前座与床之间

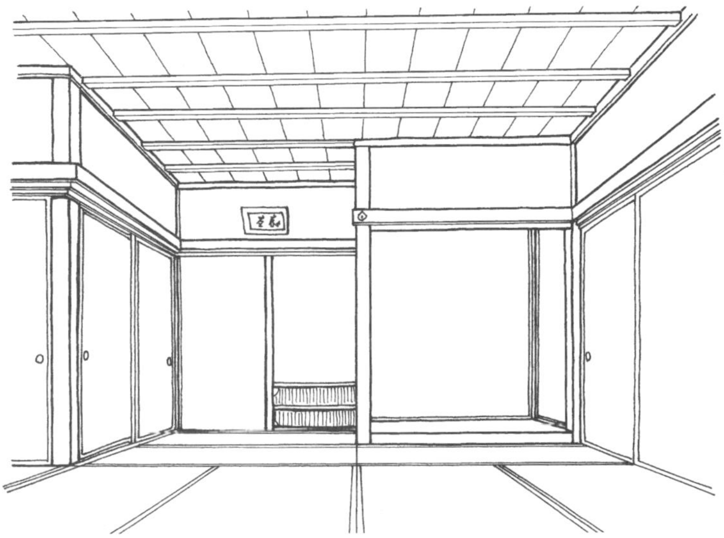

103 水无濑神宫灯心亭

Point 乡间民宅风格的外观，部分御殿风的室内设计，各种各样的要素间的对比很有趣味。

概要

水无濑的后鸟羽天皇离宫是大阪岛本町的风景名胜之地。被指定为重要文化遗产的茶室灯心亭，是由后水尾天皇赐予这里的水无濑家的茶室，后在1875年又被捐赠给水无濑神宫。

灯心亭茶室的外观是入母屋造的茅茸屋顶，如果打开入侧外的门窗，就会成为开放的空间。

其内部由三叠大目的茶室、厨房水屋和入侧等组成。座席采用大目切和下座床的形式。床之间采用的是蹴込床形式，床柱使用带皮赤松木，墙为土墙形式。床之间旁边有违棚和袋户棚[94]，橱板使用张付墙。茶道口和给仕口设置在两面垂直的墙上，出隅柱同时使用了松、竹、梅三种材料。另外，茶室中设置了两扇对拉的腰障子。

厨房内设置了称为"簧子间"的大水屋水槽，并且将不同的架子搭在橱柜里。

风雅的茶室

灯心亭的草茸屋顶是乡村风格的外观，但环绕的入侧（回廊）、床之间旁边的达棚、另一侧的平书院，以及格天井形式的顶棚等，都显示这里融入了御殿风的结构。在顶棚的格子内，有用芦苇、胡枝子、木贼、寒竹、梧桐等11种材料拼接出的美丽图案。据说这些材料也是灯心所用的材料，所以茶室称为灯心亭。障子的边框采用春庆涂，腰板处有藤绳装饰，窗格不规则排列，这些设计相较于书院造的庄重，不如说是一种风雅的表现形式。

灯心亭内最有趣的是墙壁的构成设计。虽然包括床之间在内的大部分都还是土墙，但达棚后的张付壁的设计颇有意思，这部分呼应了茶道口和给仕口，构成了有趣的组合。

灯心亭的床之间和床胁

壁和张付壁的对比很有意思。

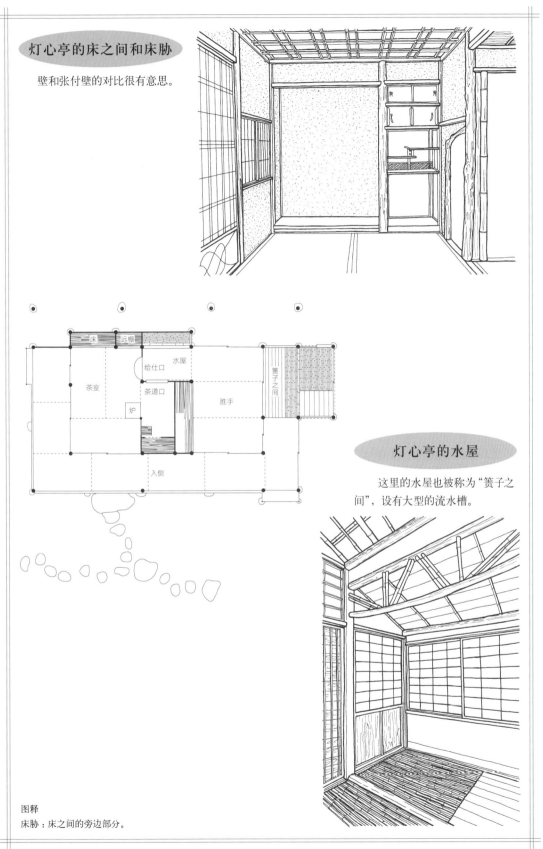

灯心亭的水屋

这里的水屋也被称为"簧子之间"，设有大型的流水槽。

图释
床胁：床之间的旁边部分。

第1章　茶室的魅力

第2章　茶道文化

第3章　茶室与茶苑

第4章　茶室空间的平面规划

第5章　设计、施工与材料（室内篇）

第6章　设计、施工与材料（点前座·水屋篇）

第7章　设计、施工与材料（外观篇）

第8章　古今茶室名作

今日庵、又隐

Point 两张榻榻米大小的茶室是茶室空间的最小限度。这里的点前座采用大目叠的形式，以体现主人的待客之道。

今日庵

1646年，千宗旦将法寺前的土地分开，将南侧让给了三男江岑，自己在北侧的土地上建造了简朴的房屋，开始隐居。房屋内设有两个榻榻米大的茶室，就是今日庵。

今日庵中，客座为一叠，点前座采用大目叠形式，且铺设了向板，拼成一个方形平面，使之与两张一叠榻榻米的大小一样。不直接使用两张榻榻米，是因为要表现出主人的谦逊，这就有必要设置比客座更小的点前座。

茶室内的顶棚是一面倾斜的化妆屋根里天井，设有向切式地炉。床之间在躏口的正面，采用下座床、壁床的形式。在右侧旁边设有火灯型的茶道口，点前座的胜手付一侧设置了水屋洞库。向板的旁边设有中柱和袖壁，以区分客人和主人的区域。

又隐

1653年，千宗旦在76岁时，将其隐居的住宅让给了仙叟，并于此时建成了四叠半的茶室"又隐"，再次开始隐居。

又隐的外观是茅草屋顶的入母屋造，外部设置刀挂，在躏口的上部开着下地窗。茶室内部设四叠半切的地炉和上座床形式的床之间，躏口与床之间相对。茶道口是单向拉开的太鼓襖式的隔扇，在点前座的胜手付方向设有洞库。顶棚采用平天井，只在躏口处上方采用化妆屋根里天井，并设有突上窗。

又隐最主要的特征，是使用只有柱子上部可见的杨子柱。这是在北野大茶会里，千利休建造的四叠半的茶室中的手法。千宗旦也采用了这种设计手法，并且还省去了点前座洞库前的柱子。从客人处看主人一侧的墙面，就显得更宽大、简洁，也更引人注目。

今日庵的外观

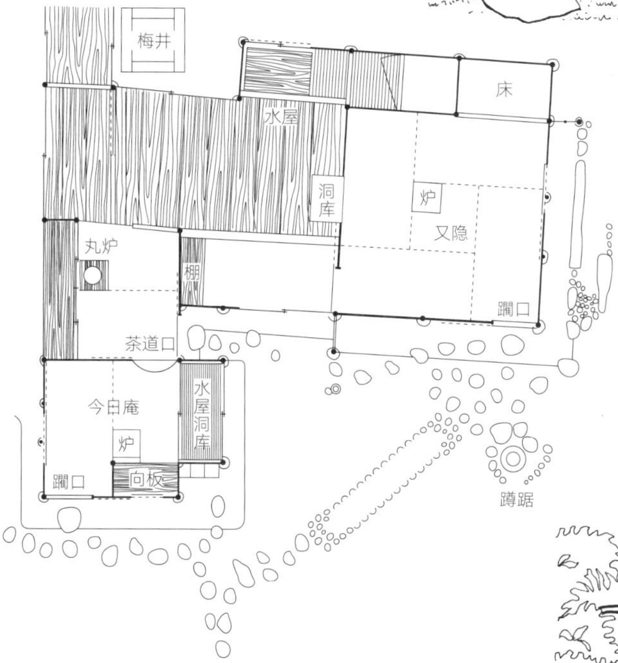

梅井

水屋

床

洞库

炉

又隐

丸炉

棚

蹲口

茶道口

今日庵

炉

水屋洞库

蹲口

向板

蹲踞

又隐的外观

第1章

第2章

第3章

第4章

第5章

第6章

第7章

古今茶室名作

第8章

105 不审庵

Point 茶室内部的空间以袖壁区隔出点前座的空间，
另一方面也加深了其与水屋的联系。

概要

不审庵这个名字的由来有些许复杂的历史。在最开始，不审庵是千利休在大德寺前宅邸中修建的四叠半的茶室。后来这个名字又被用于千少庵在本法寺前宅邸(现在的千家的用地)中修建的深三叠大目(千利休在大阪屋内的座席复制品)，或是千宗旦的一叠大目。目前不审庵的原型被认为是1648年左右，江岑与父亲千宗旦合作建成的。现在表千家中的不审庵则是经过多次整修之后，于1913年重建的。

不审庵的外观是前端有屋檐的柿葺切妻造屋顶，并且在直角屋顶的基础上还安装了单斜的屋顶，变化很丰富。茶室内部的点前座是用三张榻榻米短边并排铺设的平三叠大目。床之间为上座床的形式，使用皮付赤松木的床柱和档丸太的相手柱，床框使用有凹入节眼的北山丸太以表现茶室简单、朴素的风格。床之间旁边的墙壁上开有火灯口形式的给仕口。点前座的胜手付一侧设有板叠，茶道口设在风炉先的前面，所以点茶为回点前的方式。袖壁内的一角处设有二重棚。床之间前方是铺着香蒲的平天井，躏口一侧上方是化妆屋根里天井，点前座处也采用了化妆屋根里天井，这是非常罕见的结构组合。

点前座的表达

点前座是大目构的形式，使用笔直赤松木的中柱和下部为竹材壁留的袖壁，然后是用由上而下的下壁区隔出客人的座席。另外，风炉先处的茶道口使用钓襖，也就是推拉门的形式。栏间[95]的部分是镂空的形式，与旁边水屋的天井融为一体。因此，虽然点前座只是茶室的一个部分，但和水屋又是连续性的空间。这体现了日本建筑的空间分节概念的趣味性。

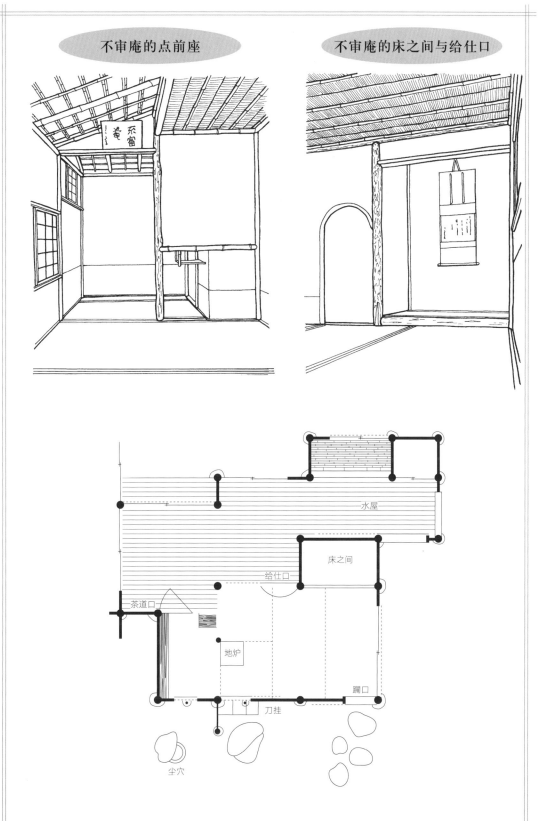

不审庵的点前座

不审庵的床之间与给仕口

水屋

床之间

给仕口

茶道口

地炉

躏口

刀挂

尘穴

106　大崎园与独乐庵

Point 松平不昧极其仰慕千利休，于是将千利休的茶室迁移，并创造了新的茶室。

大崎园

从1803年起，松平不昧开始在江户品川高台处的下屋敷内建造茶苑。在此有大约66 000平方米的宽广院落，被称作"大崎园"。

园内设有利休堂，还建有待庵、今日庵或松花堂等重要古典茶室的仿制建筑。另外也有一些充满原创性的茶室，比如附加了三角形边缘廊的茶室。松平不昧通过《南方录》，被千利休的创造力深深地倾倒，而由于受到其创造精神的影响建造了这个茶苑。茶苑中共有茶室11座。

后来由于江户幕府在此建立了炮台，茶苑建筑被拆除。

独乐庵

大崎园里最重要的茶室当属独乐庵。茶室是一叠大目、向切、下坐床的形式。独乐庵的用材据说是千利休请求丰臣秀吉转让的长柄桥桩，建筑位于宇治田原。后来，迁移至京都、大阪，最后被松平不昧所收藏。

茶苑被拆除时，独乐庵虽然已经迁移至深川的下屋敷，但不久后也由于海啸侵袭而所剩无几。

1925年，在高桥箒庵的指导下，独乐庵在北镰仓用兴福寺和法隆寺的建筑古材得以重建。现在独乐庵已经被搬移到八王子。1991年，以新的史料记载为基础，中村昌生在出云地区，也重建了独乐庵。

独乐庵是其中设有船越伊予守[96]所喜好的三叠大目，和泰叟宗安[97]喜好的四叠枡床（方形的床之间）的逆胜手茶室。茶室设计从实用性上讲确实有不合理之处，不过在大崎园内几乎都是这样的配置。松平不昧或许也知道这一点，但可能是其对传承的重视，所以还是直接按原有的形式迁筑了吧。

独乐庵

松平不昧在大崎园内建立的茶室。现在的独乐庵是在出云（上图，中村昌生复原）和八王子地区复原的建筑。

引用自《考古类纂》

第1章 茶庭的魅力

第2章 茶道文化

第3章 茶室与露地

第4章 茶室空间的平面配置

第5章 设计、施工与材料（室内篇）

第6章 设计、施工与材料（水屋篇）

第7章 设计、施工与材料（外观篇）

第8章 古今茶室名作

107 猿面茶室

Point 传说在历史上可能是错误的。猿面茶室所传播的茶文化、茶室的魅力，对近代来说意义深远。

概要

猿面茶室中的柱子是柴刀削切的形式，垂在天井下面，在33.3厘米左右的中央位置看起来就像下垂的鼻梁，两侧的节眼像一对眼睛，容易让人想象成动物的脸。在清须建成的时候，有传言称织田信长对丰臣秀吉说"这看起来就像你的脸一样"，猿面茶室从此得名。虽然故事很有意思，但是很可惜，这只是一个传说。

日本的明治维新以后，人们开始关注西方文化，日本的传统文化不再流行。也是在那个时候，这个茶室在名古屋的博览会的会场上展出了，加上丰臣秀吉的人气，这个茶室的话题很快得到扩散。这个茶室为近代的茶道的复兴助有一臂之力，对大众传播茶道文化和茶室的魅力有巨大的意义。

猿面茶室因战祸而被烧毁，后在名古屋城和德川美术馆等地被重建。

猿面茶室与博物馆

还有传言称，猿面茶室是织田信长的次子织田信雄于清州城建立的，后迁至名古屋城本丸，最后被建在了二之丸。现在并不能证实这些传言的真实性，但也没有可以否定这种说法的证据。猿面茶室是四叠半大目，大目切本胜手，下座床，特色是在贵人口外设置了檐廊。

明治维新期间，二之丸设立镇台，茶室被出售，成为民间所有。另一方面，为纪念1878年开业的名古屋博物馆而举办了爱知县博览会，在第二次展览的时候，由于松尾宗五等人的努力，猿面茶室被搬到了会场。之后的50年，猿面茶室就在博物馆里，以前的传言也不断蔓延。 然而，猿面茶室于1929年迁往鹤舞公园，后又被焚毁。

猿面茶室

因为床柱的节眼看起来就像猴子的眼睛，所以猿面茶室因此而得名。猿面茶室在战争时被损毁，战后又在名古屋城内得以重建。

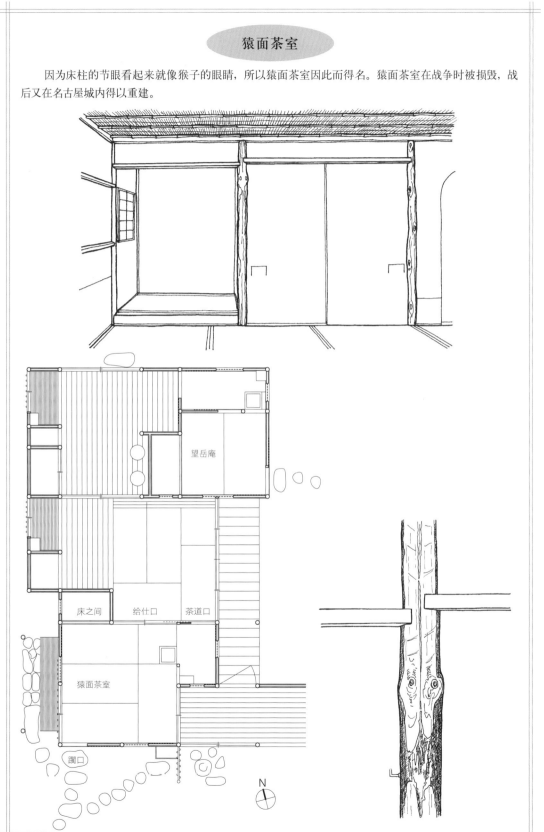

第1章

第2章

第3章

第4章

第5章

第6章

第7章

古今茶室名作

第8章

108 星冈茶室

Point 作为以茶道为中心的社会设施，星冈茶室诞生了。

概要

1884年，在东京麹町公园内设立了星冈茶室。不幸的是，第二次世界大战时茶室被烧毁。但在战争之前，北大路鲁山人的料理店已经是远近闻名了。然而，这间茶室并不是为料理店而建的，它原来是一处以茶道为中心的社会设施，可以进行谣曲、弹琴、下象棋等活动，是为民众享受日本的传统文化而建的。这间知名的餐厅则是后来出现的。

麹町公园是1881年东京府在原日枝神社内建立的。后在禁里御用的商人奥八郎兵卫和三井组的三野村大力帮助下，曾经的小野组的小野善右卫门等人在公园中建立了茶室。

茶室除有十二叠半的广间以外，还明确了有小座敷茶室，此外还有四叠半、二叠大目、一叠大目中板逆胜手，以及在玄关附近设有四叠丸炉与二叠大目的寄付。另外，星冈茶室已被确认是两层的建筑，其中一楼的四叠半是供奉千利休画像的茶室，是代表茶道精神的空间。

公园和茶室

日本明治时代，封建领主的私家园林成为开放式的公园，例如兼六园等。另一方面，因茶室通常建于寺庙和个人的宅院的深处，所以茶室也有封闭的一面。

星冈茶室是设在公园中使用会员制的社交设施，而且是允许非会员参观内部空间的设施。换句话说，虽然星冈茶室有一定程度的限制，但只要缴纳一定的会费就可以使用其中的任意设备，也允许一般人入内参观，所以相比封闭的茶道环境，星冈茶室已经趋于成为现代化的开放式茶室设施了。

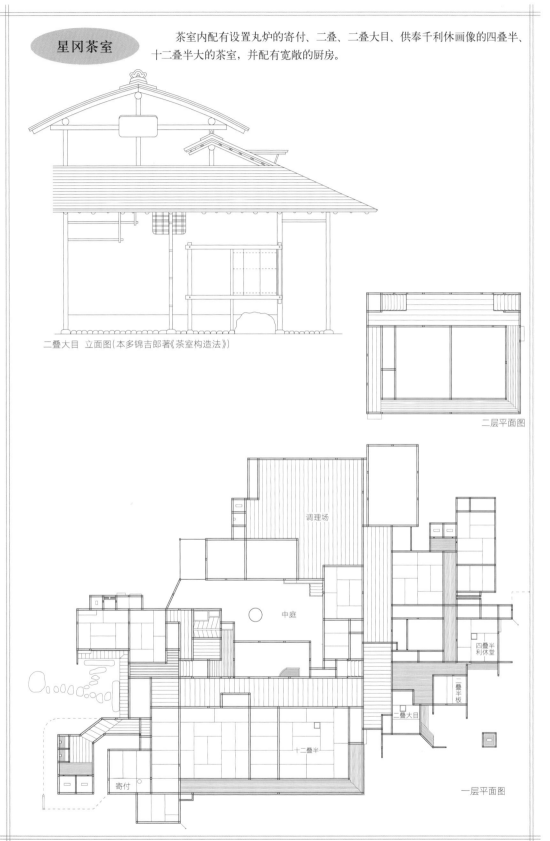

星冈茶室

茶室内配有设置丸炉的寄付、二叠、二叠大目、供奉千利休画像的四叠半、十二叠半大的茶室，并配有宽敞的厨房。

二叠大目 立面图(本多锦吉郎著《茶室构造法》)

二层平面图

调理场

中庭

四叠半
利休堂

二叠半板

二叠大目

十二叠半

寄付

一层平面图

第1章 茶艺的魅力

第2章 茶道文化

第3章 茶室与茶苑

第4章 茶室空间的平面配置

第5章 设计、施工与材料（室内篇）

第6章 设计、施工与材料（点前座、水屋篇）

第7章 设计、施工与材料（外巡篇）

第8章 古今茶室名作

109 四君子苑

Point 此茶室是由数寄屋（茶室）建造师北村舍次郎所建造，后由建筑家吉田五十八进行加建。被认为是近代日本建筑再构筑的典范。

概要

实业家、茶道人士北村舍次郎，在看到东山大文字正面景色的鸭川沿岸后，于1944年，请茶室名匠北村舍次郎建造了住宅。此后在1963年，建筑师吉田五十八又进行了增建。

北村舍次郎的数寄屋

北村舍次郎建造的部分由寄付、立礼栋、二叠大目的小座敷与八叠的广座敷组成，并以走廊相互连接。小座敷西侧临近水池，与流水合成一景。在近代，这种自然环境与建筑相结合的景致不仅很有趣味，且大受欢迎。

顺便一提的是，日本的住宅自古便与水关系密切。而在西方，水则是从1937年弗兰克·劳埃德·赖特的流水别墅才开始备受关注。

吉田五十八的数寄屋

五叠和二叠大目组成的佛堂中，增添了作为茶室功能使用的地炉，并且与八叠房间连续为座敷。正面的床柱设计保守，使床之间和床胁得以连续。南侧的障子使用大型隔扇门，从地板直达顶棚，不设置栏间和小壁。另外两室也使用大型的隔扇作区隔。此外，在柱子的设计上也下了一番功夫，最终得以被隐藏在旁边的墙壁内。为了不使人注意房间的界限意识，顶棚上设计了凹槽以表示鸭居，照明器具等也被连续配置。这里的构成设计让人联想起密斯·凡·德·罗设计的空间。

座敷的北侧是起居室兼作食堂的西式房间，设计上也考虑了椅子和隔壁的榻榻米上面的人的视点问题。另外在座敷正面设置了床之间，有保留日式风格的意识。从大开口部可看到庭院的景色。把景色引入室内的形式，也是日本建筑设计的强项。

四君子苑

数寄屋工匠北村舍次郎创作的部分。池子部分建筑凸出，形成立体的组合。

建筑师吉田五十八所建造的部分。障子高度直达顶棚，鸭居嵌入天井内，形成一种具有开放感的结构空间。

第1章 茶道的魅力

第2章 茶道文化

第3章 茶道与茶苑

第4章 茶室空间的平面配置

第5章 设计、施工与材料（室内）

第6章 设计、施工与材料（室内、水屋等）

第7章 设计、施工与材料（外观等）

第8章 古今茶室名作

110 现代的茶室

Point 对日本的茶道和茶室，有的人守护旧的传统，有的人打破常规，这两者共同拓宽了茶道的领域。

茶室的造型设计

现代的茶室设计主要有三个方向。

1. 维护历史形式。

2. 用新材料表现。

3. 追求新的形式。

当然，很多情况下我们见到的都是组合不同形式的茶室设计。本书主要对第一点进行说明，因为历史形式是茶室设计的基础。但是第二点和第三点的立场也是非常重要的，因为各种各样的尝试都可能会引领未来茶室的发展。

新材料的表现

从近代开始，新材料的使用是茶室设计的一大主题。堀口舍己的塑料茶室美似居就属于早期的例子。此后还有出江宽对油漆茶室的提议及安藤忠雄等众多建筑师对混凝土茶室的提议等。虽然这些新的尝试给茶室的发展带来了不少影响，但另一方面，这些硬质的素材缺乏吸水性，而这与在茶道中细腻的茶道具所需的环境相悖。佐川美术馆的乐吉左卫门茶室（2007年），正是具有脆弱美的乐烧所需要的空间。被芦苇丛生的水池包围，和纸和南洋木材的使用等，这些自然的、具有一体感的设计，表现了茶室朴素而柔和的特性。而另一方面，在混凝土的建筑主体中，则广泛地使用了金属和玻璃材质。在缩短茶道具和近代材料的距离感上，这些茶室发挥了很大的作用。

新形式的追求

藤森照信在细川宪邸建成一夜亭（2003年）和信州在山中建造的高过庵（2004年）都打破了原有的茶室概念，成为脱离常规的作品。只有近代的茶室设计师自由地创造，现代的人们才可以自由地享受茶道的空间。

美似居

堀口舍己设计的使用了非常多的塑料材质的立礼席。在1951年松坂屋举办的"新日本茶道展览会"上展出。

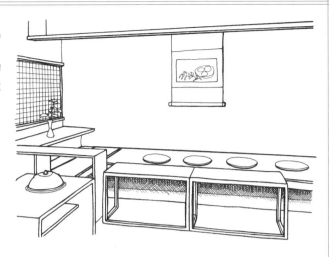

佐川美术馆茶室

乐吉左卫门设计的茶室，使用混凝土建造的建筑主体。

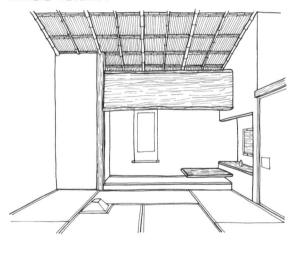

一夜亭

藤森照信在细川宅邸内设计建造的茶室，与过去的茶室形式有很大的不同。

第1章 茶室的魅力

第2章 茶道文化

第3章 茶室与茶苑

第4章 茶室空间的平面配置

第5章 设计、施工与材料（室内篇）

第6章 设计、施工与材料（点前座、水屋篇）

第7章 设计、施工与材料（外观篇）

第8章 古今茶室名作

注释

1.障子：以木条或竹条做骨架，并用纸裱糊起来的门窗隔扇。

2.叠：榻榻米。也可作为表示面积度量的单位，一叠约为1.62m²。

3.床之间：也称"凹间"或者"壁龛"，是设于日式房间中，位于客厅内部，比客厅高出一阶，可挂条幅、可放摆设、可装点花卉等装饰的地方。

4.待庵：日本三大国宝级茶室之一，是千利休所设计的茶室。

5.藤森照信：日本近代建筑家、建筑史学家。

6.守破离：源自日本的剑道学习方法，后发展到其他武术行业。意为恪守规则而后打破规则、创新，但仍不忘本。

7.数寄者：茶人，茶道人士，爱好茶道和歌的人。

8.天守：日式城堡中最高的，也是最主要的一类建筑，具有瞭望、指挥的功能。

9.布鲁诺·陶特（Bruno Julius Florian Taut,1880—1938年）：德国表现主义建筑师、都市计划家。

10.袖壁：从旁边延伸出来的小墙面。

11.壁留：墙壁下边的横木。

12.照叶林：副热带湿润气候的典型植被，又称为副热带常绿阔叶林，分布于中国的云南、西藏、台湾和华南地区以及日本西南部。

13.《日本后记》：日本平安时代初期，奉天皇命令所编撰的史书，记录了公元794—833年这段时间内所发生的事情。

14.《太平记》：日本古典文学作品之一，以日本南北朝时代为舞台。《太平记》作为兵法书，也影响了日本战国的武将和日本江户期的武士。

15.佐佐木道誉：活跃于日本镰仓时代末期到南北朝时代的武将。

16.足利义政：是日本室町时代中期室町幕府第八代将军，他是创造室町幕府全盛期的第三代将军足利义满之孙。

17.东山御物：是指足利义政将军于别邸东山山庄所评定收藏的茶道具名品。

18.一休宗纯：是日本室町时代禅宗临济宗的著名奇僧，也是著名的诗人、书法家和画家。他从小就很聪明。"一休"是他的号，"宗纯"是讳，通常被称作一休。

19.村田珠光：被后世称为日本茶道的"开山之祖"，开创的"草庵茶"乃是后世茶道的出发点。村田珠光从师于一休宗纯，并创立了"茶禅一味"。

20.连歌：连歌最初是一种由两个人对咏一首和歌的游戏，始于日本平安时代末期。最初，连歌作为和歌的余兴而盛行于宫廷，后又广泛流行于市民阶层，成为大众化的娱乐项目。

21.三条西宝隆：日本室町时代后期到战国时代间的公卿。

22.关白：关白为日本古代职官，本意源自中国，相当于中国古代的丞相。

23.织部烧：创立织部烧的古田织布是继千利休之后的第一茶人，他本身是武将出身，因此与内敛纤弱的利休茶风不同，他的茶道风格雄健明亮，所创陶器也是如此。织部烧用色往往大胆奔放，有些茶碗凹凸不平，自然拙朴。这也是织布的风格，自由豁达，不拘小节。

24.逸轨：高洁的轨范。

25.大手道：是从大手门（正门）连接到城堡中心区域的道路。

26.井伊直弼：1815—1860年，是日本的近江彦根藩主、江户幕府末期的大佬。

27.一期一会：指人的一生中可能只能够和对方见面一次，因而要以最好的方式对待对方。这样的心境中也包含着日本传统文化中的无常观。

28.初座：茶会之前要把茶室、茶庭打扫得干干净净，客人提前到达之后，在茶庭的草棚中坐下来观赏茶庭并体会主人的用心，然后入茶室就座，这叫"初座"。

29.后座：在茶事过程中，客人用完茶食之后到茶庭休息，之后再次入茶室，这是"后座"。后座是茶会的主要部分，在严肃的气氛中，主人为客人点浓茶，然后添炭(后炭)之后再点薄茶。

30.寄付：客人整理服装、准备入席的房间。

31.腰挂：客人等候主人接待入席的亭子。

32.千鸟杯事：指的是主人与客人共同用一个杯子轮流饮酒。

33.一座建立：体现出"敬"的意念。"一座"的意思是参与茶事的所有人，"一座建立"就是指所有参与者都处于平等的地位，没有世俗的贵贱之分。参与者应该互相尊重，共同创造和谐的茶事氛围。

34.茶入：盛浓茶粉的小罐，在日本，茶入分为"唐物"与"和物"。

35.天目：中国浙江省天目山的佛寺使用过的茶碗，在福建省建窑烧制。

36.大名：是日本古代封建领主的称呼。

37.薮内家：是具有四百多年茶道历史的茶道世家，创始人薮内绍智是武野绍鸥晚年的弟子，其妻舅为古田织部。

38.冬之阵：大阪冬之阵是日本广义的战国时代末期发生于大阪地区的一场战役，属于大阪之战的一部分。包括1614年的冬之阵及1615年的夏之阵。

39.香合：装香料的盒子。

40.町家：是日本传统的连体式建筑，始于17世纪。町屋是木格子架结构，用传统的泥土砖彻顶。

41.搔合：不上厚漆，以留出木纹的上漆法。

42.鸭居：门框上端的横木。

43.鸟子和纸：古代中国所发明的"纸"传到了日本后，日本人以独特的原料和制作方法生产了具有日本文化特色的纸张——和纸，鸟子和纸实则属于高级书写纸，被视为珍品，为手工制作。

44.太鼓襖：拉门的一种形式。

45.总屋根里：指的是骨架外露的屋顶顶部。

46.室床：床之间的一种形式。

47.市松模样：一种棋盘方格纹样。

48.寝殿造：是日本寓所与府邸的主要形制。寝殿造受到中国的影响比较多，通过皇宫、庙宇的建设而流行于日本的贵族宅邸中。

49.袖篱：建筑物边角的小围篱。

50.台所：指代厨房。

51.风炉先:风炉处的两面屏风。

52.胜手付:离客人较远的位置。

53.一间:日本惯用的长度单位,约为1.818m。

54.下壁:从顶棚延伸出来的小墙面。

55.腰高障子:门框下方设有装饰板的障子门。

56.长押:(日本式建筑的)门框上的装饰用横木。

57.天井:顶棚。

58.唐纸:宣纸。

59.地袋:低矮的地柜。

60.化妆屋根里天井:指骨架外露、比较低的顶棚。

61.花头窗:日本佛教建筑中有曲线样式的窗户。

62.叠寄:位于柱子的下方,置入墙和榻榻米之间的部件。

63.竿缘天井:木杆交错而成的顶棚样式,是以用材划分的一种顶棚形式。

64.稻妻折钉:成折钩状的挂钉。

65.稻妻走钉:有金属片可左右移动的钩状挂钉。

66.无双钉:墙外的折钩部分可根据需要调整内缩长度的钉子。

67.折钉:墙外部分呈L形的钉子。

68.方丈:边长约3.3m的四方房间。

69.小壁:顶棚与门窗之间的墙壁。

70.栈:为防止木板变形或翘起而钉的木条。

71.目板:盖缝条,板子接缝处的窄板。

72.远州流:日本茶道流派之一。

73.小舞:竹骨胎,板条。

74.舞良户:日本建筑中的一种横拉门窗,在门窗框中间安装横木。

75.挂雨户:挂在窗外防风雨的窗板。

76.塵落:切面方向面向上方凹入。

77.塵受:切面方向面向下方凹入。

78.围炉里:地炉、坑炉,暖房或煮炊用的炉。

79.五德:三脚架,火撑子。

80.水张口:主人出入茶室的出入口。

81.炭斗:装木炭的容器。

82.天袋:顶橱。

83.柿板:用杉木或花柏木切成的薄板。

84.轩先:房屋的屋檐前端。

85.蝼羽:凸出檐边的屋瓦。

86.木舞:缘木上的木板条。

87.合掌:人字形木屋架。

88.割竹:用竹子劈或切割成的竹片。

89.蛰居：禁闭，幽禁，日本江户时代对于武士以上的人的一种刑罚,令其闭居一室,不得出外。

90.成金趣味：暴发户般的粗俗趣味。

91.塔头：寺院中的小寺。

92.筋违：不合理的。

93.缘先：檐廊一侧的靠近庭院的边缘。

94.袋户棚：橱柜,壁橱。

95.栏间：隔扇上部与顶棚之间镶的隔窗。

96.船越伊予守：日本江户时代著名茶人。

97.泰叟宗安：里千家第六代。

主要参考书目 ————————————————————

《现代茶室（英文版）》（讲谈社）

《角川 茶道大事典》（角川书店）

《京都茶室》（冈田孝男著，学艺出版社）

《建筑论丛》（堀口舍己著，鹿岛出版会）

《国宝重文的茶室》（中村昌生、中村利则、池田俊彦著，世界文化社）

《古典中学习茶室设计》（中村昌生著，X-knowledge）

《自慢茶室的建造方法》（根岸照彦著，淡交社）

《一目了然的茶室观赏方法》（前久夫著，东京美术）

《图说茶庭构造 历史与构造基础知识》（尼崎博正著，淡交社）

《图解木造建筑事典》（学艺出版社）

《数寄工匠 京都》（中村昌生编，淡交社）

《数寄屋图解事典》（北尾春道著，彰国社）

《淡交别册 茶室建造》（淡交社）

《茶室研究》（堀口舍己著，鹿岛出版会）

《茶室 设计详图与实际》（千宗室、村田治郎、北村伝兵卫著，淡交社）

《茶室手工手册——茶汤空间入门》（冈本浩一、饭岛照仁著，淡交社）

《茶室研究（修订版）》（中村昌生著，河原书店）

《茶道聚锦（第7、8卷）》（小学馆）

《堀口舍己的"日本"》（彰国社）

《利休的茶室》（堀口舍己著、鹿岛出版会）

《和风建筑系列3 茶室》（建筑资料研究社）

《Casa Brutus》2009年4月

《建筑知识》1994年6月

《Confor米》2008年2月

协助者（以日语五十音排序，敬称省略）

野村彰

吉田玲奈

后记

我一直在思考这些话放在哪个条目下比较合适,结果最后写进了后记中。

在茶道空间中,有墙、窗、床之间、顶棚、榻榻米、地炉、躏口、露地等重要的要素,但是,这些元素只是进行茶室设计时所需要的"器皿"的一部分。也就是说,茶道空间是由那些元素包围而成的,本质上则是在周围营造出"什么也没有"的地方。而"什么也没有"的表现方式,就是要利用墙壁、床之间等元素。并且,茶道是招待客人的一种以形表意的方式,所以这个"什么也没有"的地方,追根究底是人的心意。

回到最初的关键词——快乐,让使用的人(主人和客人)感到快乐和舒适是茶室本质上的追求。也许一些人会觉得茶室设计的门槛很高。但是,这虽艰难但却不是没有可能。现在不论是学生还是一个完全不懂茶室设计的外行,只要依这本书所讲的,都可以建造出自己的茶室。像在北野大茶会一样,坐在草席上也依然能够享受茶道的乐趣。但是如果稍微对先辈们的想法和技术有些了解的话,那茶道世界会被拓展得更大。

在写这篇稿子的时候,我已经到了知天命的年纪。但是,在茶道世界里我还是晚辈,由我来写这样的书实有些狂妄。只是,尽管我能力有限,我也希望能够尽可能地从多个方面写关于茶室设计的内容。希望能够让尽可能多的人了解茶室,尤其是年轻人,希望他们能跟随我进入一个美妙的茶室世界,然后应用本书,开拓新的领域。

最后,对听从我各种无理要求的插图师野村彰和吉田玲奈及对耐心地容忍我的任性的X-Knowledge出版社的本间敦先生和工作人员们表示衷心的感谢。

此外,本书的插图都是作为说明而使用的,其中会有部分的简化和变形,请您见谅。

桐浴邦夫

图书在版编目(CIP)数据

图解日式茶室设计 ／（日）桐浴邦夫著；葛利平译． －武汉 ： 华中科技大学出版社，2020.6
ISBN 978−7−5680−2578−2

Ⅰ.①图… Ⅱ.①桐… ②葛… Ⅲ.①室内装饰设计−图解 Ⅳ.①TU238−64

中国版本图书馆CIP数据核字(2017)第059149号

《世界で一番やさしい 茶室設計》桐浴邦夫 著
SEKAI DE ICHIBAN YASASHII CHASHITSU SEKKEI
© KUNIO KIRISAKO 2011
Originally published in Japan in 2011 by X-Knowledge Co., Ltd.
Chinese (in simplified character only) translation rights arranged with
X-Knowledge Co., Ltd.

简体中文版由 X-Knowledge Co.,Ltd. 授权华中科技大学出版社有限责任公司在中华人民共和国
（不包括香港、澳门）境内出版、发行。
湖北省版权局著作权合同登记 图字：17-2017-072 号

图解日式茶室设计
TUJIE RISHI CHASHI SHEJI

[日] 桐浴邦夫　著
葛利平　译

出版发行：华中科技大学出版社（中国·武汉）	电话： (027) 81321913
武汉市东湖新技术开发区华工科技园	邮编：　430223
出 版 人：阮海洪	

责任编辑：彭霞霞	责任监印：朱　玢
责任校对：周怡露	美术编辑：张　靖

印　　刷：武汉精一佳印刷有限公司
开　　本：787 mm × 1092 mm　　1/16
印　　张：15.25
字　　数：366千字
版　　次：2020年6月第1版第1次印刷
定　　价：98.00元